# 舍与得：取舍之间，便是人生

舍与得的人生必修课

谢普 编著

南京出版传媒集团
南京出版社

**图书在版编目（CIP）数据**

舍与得：取舍之间，便是人生 / 谢普编著．-- 南京：南京出版社，2016.12

ISBN 978-7-5533-1628-4

Ⅰ．①舍… Ⅱ．①谢… Ⅲ．①人生哲学—通俗读物 Ⅳ．① B821-49

中国版本图书馆 CIP 数据核字 (2016) 第 306536 号

**书　　名：** 舍与得：取舍之间，便是人生
**作　　者：** 谢　普
**出版发行：** 南京出版传媒集团
南　京　出　版　社

社址：南京市太平门街 53 号　　邮编：210016
网址：http://www.njcbs.cn　　电子信箱：njcbs1988@163.com
淘宝网店：http://njpress.taobao.com　　天猫网店：http://njcbcmjtts.tmall.com
联系电话：025-83283893、83283864（营销）　025-83112257（编务）

**出 版 人：** 朱同芳
**出 品 人：** 卢海鸣
**责任编辑：** 严行健
**装帧设计：** 麦　点
**责任印制：** 杨福彬

**印　　刷：** 北京天宇万达印刷有限公司
**开　　本：** 710 毫米 ×1000 毫米　1/16
**印　　张：** 16
**字　　数：** 230 千字
**版　　次：** 2016 年 12 月第 1 版
**印　　次：** 2016 年 12 月第 1 次印刷
**书　　号：** ISBN 978-7-5533-1628-4
**定　　价：** 29.80 元

淘宝网店

天猫网店

营销分类：成功励志

# 前　言

人不是因为拥有的东西太少，而是想要的东西太多。大千世界，充满诱惑的东西太多。面对诸多诱惑，许多人会动心，会奢望，会幻想。一块硬币握在手中，还想得到三块硬币；刚吃完了山珍，还想吃海味；有一件漂亮的冬衣，还想有一件完美的夏衣；刚升了副总，又觊觎总经理的位置……我们身边有太多关于舍与得的问题。我们一心想得到所有，殊不知，某些珍贵的东西也正悄然离我们远去，当我们日行渐远，猛然回头的时候，我们也只能空留叹息。

孟子有云："鱼，我所欲也；熊掌，亦我所欲也。二者不可得兼，舍鱼而取熊掌者也。"舍与得是一种处世艺术。我们生活的世界纷繁复杂，面对纷繁的事物，需要我们不断地去选择，去割舍。很多时候，鱼和熊掌不可兼得，在得与失当中想要作出正确的选择，是一件艰难而痛苦的事，所以，我们需要有"看开、放下、平和、淡然"的良好心态。其实，人要有所得，必要有所失，只有学会舍，才会有得，才有可能登上人生的巅峰，实现自己的人生价值。舍和得的关系，如同因与果，因果是紧密相连的。舍，并不是全部舍掉，而是舍掉那些沉重的、让你止步不前的负累，留下那些轻快的、美好的事物，从而让你乘风破浪，云帆沧海。

舍得是一种境界，不计付出，舍己为人，体现出了胸怀宽广的做人高度；舍得是一种智慧，小舍小得，大舍大得，体现出了明朗大气的做事风格；舍得是一种心态，有舍有得，低调淡泊，体现出了坦荡洒脱的人生追求。学会取舍的智慧，懂得进退的真谛，就能够享受美好的生活。

佛家认为：舍即是得，得即是舍；道教认为：舍是无为，得是有为；儒家认为：舍恶以得仁，舍欲以得圣；而在今人的眼里，舍是付出，是投入，得是收获，是回报。舍得是一种大智慧：孰舍孰得，懂得选择才是大智慧者。时下是一个信息时代，“舍与得”的哲学，能为信息时代下的人提供一种健康、智慧的心态。为此，我们悉心准备了这本《舍与得：取舍之间，便是人生》，旨在和读者朋友探讨关于“舍与得”的系列话题，希望大家能从中获益。由于时间紧迫，编校之时难免疏漏，欢迎广大读者朋友批评指正。

# 目　录

## 第七章　舍弃平庸 / 153



## 第八章　舍弃完美 / 183



## 第九章　舍弃贪痴私欲 / 205

# 第一章　舍与得的秘密

——人生有得必有失，有舍才有得

人的一生都是在选择中度过的，可以说，什么样的选择决定了什么样的命运。正如同走路，选择的路线不同，看到的风景也会不同。有的人选择了崎岖山路，那么他可以欣赏崇山峻岭的巍峨；有的人选择了平坦大道，那么他可以领略广阔的地域之美。尽管道路不同，但各有各的精彩。

## 1、舍与得的选择，决定了你的人生高度

很多人在面对失败的时候，或者自己的人生遭遇不顺的时候，总会说一句“这就是命，我认了”，其实，这是一种消极悲观的处世态度。在人生的漫漫旅途中，除了出生和死亡我们无法做出选择，其他的我们完全有理由、有能力选择自己的行进路线。正如同走路，选择的路线不同，看到的风景也会不同。有的人选择了崎岖山路，那么他可以欣赏崇山峻岭的巍峨；有的人选择了平坦大道，那么他可以领略广阔的地域之美。尽管道路不同，但各有各的精彩。

每个人的选择不同，也决定了他们的命运是迥然不同的。有这样一个小故事：

有三个人要被关进监狱三年，监狱长要他们三人各自提一个要求。

美国人爱抽雪茄，要了三箱雪茄。

法国人爱浪漫，要一个美丽女子相伴。

而犹太人说，他要一部与外界沟通的电话。

三年过后，第一个冲出来的是美国人，他嘴里鼻孔里全塞满了雪茄，大喊道：“给我火，给我火！”原来他忘了要火了。

接着出来的是法国人，只见他手里抱着一个小孩子，美丽女子的手里牵着一个小孩子，肚子里还怀着第三个。

最后出来的是犹太人，他紧紧握住监狱长的手说：“这三年来我每天都与外界联系，我的生意不但没有停顿，反而增长了300%，为了表示感谢，我送你一辆跑车。”

三个人的不同选择呈现出三种截然不同的结果。这个小故事看似一个笑话，但是却清楚地告诉我们，一个人选择怎样的人生道路，他的人生将呈现怎样的结局，也就是我们常说的命运。所以，可以毫不夸张地说，选择决定命运。

我们生活的每天都面临着选择，小到穿什么衣服，大到职业、人生道路，每一个选择都决定了今后的不同结局。比如，你匆忙中选择了一件并不太中意的衣服，那可能这一天你都会感到很郁闷。相反，选择一件自己非常喜欢的衣服出门，你一天的心情都会是愉悦的。

如果说选择穿一件什么样的衣服出门，顶多会影响心情的话，那对于自己的人生道路、职业方向的选择，则会直接影响以后的人生。如果选择不好，甚至错误，那将会给以后的人生带来长期的负面影响。所以，面对这样重大的选择，一定要慎重。

珍妮是一家高科技公司的程序员，年轻漂亮，收入丰厚，办公室人缘很好，还很得上司的赏识。工作之余的生活丰富多彩，和家人的关系很亲密。在外人看来，珍妮的事业、生活可谓是春风得意，前途一片光明。但是，珍妮的内心却是苦闷，甚至是痛苦的。

因为她的内心是抵触这份工作的，甚至是厌倦。她讨厌天天面对电脑的单调机械，讨厌面对没完没了的程序。她真正的理想是当一名自由撰稿人。可是，高收入使她无法放弃这份工作，但是工作带来的郁闷又使她无法集中精力去做自己喜欢的事情。她不喜欢自己现在的工作，但又无法选择自己喜欢的工作。于是，陷入了矛盾的两难境地。

在竞争日趋激烈的今天，我们很难说珍妮的选择是错误的，但可以肯定的一点是，珍妮这样的矛盾心理不仅危害自己的身心健康，还对自己的职业发展非常不利。

美国有句谚语说得好："当一个人知道自己想要什么时，整个世界将为之让路。"英特尔公司前总裁格鲁夫说："人生最奢侈的事就是做你想做的事。"而如何选择，对人们来说最难。英国心理学家萨盖做的实验证明：戴一块手表的人知道准确的时间，戴两块手表的人便不敢确定几点了。

我们很多人都会面临类似这样两难的选择，对此，英国伦理学家边沁提出了著名的"快乐测量法"，他列出了七个标准，对我们做决策时有一定的参考价值。

（1）强度：即比较两个选择中哪一个的价值最有助于满足选择者的强烈需要。

（2）确定性：即优先选择必须是能够较确定地带来预期后果而不是可能性较小的目标。

（3）持久性：即优先选择能带来的预期后果是较为持久而不是较短暂的目标。

（4）远近性：即优先选择能较快带来预期后果的目标。

（5）纯洁度：即优先选择那些副作用较小的目标。

（6）繁殖性：即优先选择的目标，应有助于其他价值的实现。

（7）广延性：即优先选择的目标，其预期结果应当对较大范围的情景适用。

通过上面的这些参考意见，我们可以做出理性的思考和分析，这将有助于我们做出正确的选择。

有人说，人生就是不断地做选择题。人生有单项选择，也有双向选择，还可能有多项选择，没有所谓的“正确答案”，但是，不同的选择却得出的是不同的结果。中国有句俗话叫“男怕入错行，女怕嫁错郎”，这就是选择的学问。一旦选择错了，再想改正是很麻烦的，有时候甚至可能连改正的机会都没有了。

有的时候，一个选择需要我们拿自己的一生来做赌注，输赢还是一个未知数。那我们为什么不做出正确的选择呢？要做出正确的选择，就需要我们戴上“望远镜”去看待一切事物。选择是一种力量。我们每个人的生活都是被动的，因此感觉不到这种力量的存在。一旦我们的人生为自己所把握，自主地去做出人生的选择，我们就能感受到这种力量的存在了。

福特没有选择做一名大公司的高管，而是选择继续对内燃机车的研制，才有了福特汽车的诞生；比尔·盖茨选择退学，后来才造就了微软帝国的辉煌；托马森·沃森在事业低谷的时候，没有选择其他公司的高薪邀请，才有了后来的 IBM 公司……

可见，选择决定命运，寻欢作乐、游戏人生是一种选择；孜孜不倦、争分夺秒、埋头苦干也是一种选择；边干边玩、亦玩亦干还是一种选择。不同的选择把人们导向不同的路途和方向，使各自的人生呈现出不同的色彩和价值，最终收获不同的果实。

因此，请认真对待生命中的每一次选择，努力实现自己的愿望，书写人生的华彩篇章。

## 2、舍得舍得，必要的“舍”是为了更好的“得”

“舍”和“得”是一对很有意思的反义词，“舍”就是放弃，“得”就是得到，但是，有时候“舍”的结果却是另一种“得”，这就是事物的辩证原理。被迫的“舍”很多时候不会得到任何的东西，相反还可能失去更多的东西；主动的“舍”才能“得”到一些原本看似得不到的东西。这就是选择的魅力。

苏格拉底的“如何寻找最大麦穗论”就是教我们如何选择的：在一块麦田里先走上三分之一的路，观察麦穗的长势、大小、分布规律，在随后的三分之一的田地里选定一个相对最大的，然后从容走完剩下的三分之一。即使在这三分之一里面还有更大的麦穗，按照规律来说也不至于令你太过遗憾了，总比一上来就匆匆选定，或者行程快结束了才胡乱抓一个更具有科学性，更能使人心安理得。

苏格拉底的“寻找最大麦穗理论”是选择的技巧，也是放弃的智慧。有时候你的目标太多，不妨扔掉一些，这样选择对你而言才会是快乐而非苦恼的。

一个不成功的人，往往并不是没有目标，而是目标太多。这样的人不懂得放弃那些不切实际的目标，他们什么都想要，但因为精力和时间有限，结果什么都没有做好。在物欲横流的今天，如果不懂得选择，那就意味着你放弃了自己成功的机会。所以，舍弃是必要的，必要的“舍”往往能换来更大的“得”。

2000 年初，生意人老李发现了一个赚钱的商机：生产 IP 拨号器。因为整个机器成本才五十元钱左右，可是因为是新生事物，所以当时的市场价却高达一千多元。其实，IP 拨号器的技术原理很简单，基本是电话机原理，只不过多了块控制芯片而已。

老李了解到这一行情后，马上行动，买来了数万元的生产调试设备，并招聘了一批技术人员，日夜兼程地设计、生产、调试。很快，产品便推向市场。老李的分析也得到了市场验证，他因此大赚了一笔。就在别人以为他会立即扩大生产规模时，他却来了个急刹车，放弃了这一生意。他卖掉了设备，辞退了技术人员，转租了厂房。

很多人对此很不理解，有的人甚至说老李是个十足的傻瓜，放弃了这么好的赚钱机会。但只有老李自己最清楚这样做的原因。他清醒地认识到，IP 拨号器是利润超高的产品，竞争对手肯定会纷纷跟进，而且其中好多都是实力雄厚的电话生产厂商和大通信公司。他们一旦介入，自己的产品就毫无优势可言。与其到时候灰溜溜地被别人打败，还不如自己先撤退，所以他明智地选择了放弃。老李的放弃又一次得到了市场的成功验证。

老李的放弃是为了更好地前进。人的精力是有限的，当你把精力放在势头渐衰的事情上时，自然没有精力去做势头正盛的事情，可想而知，你的人生之路也会随之势头渐衰。

有些人就是不能做到知足，贪心不已，他们的人生永远在追逐更好的东西，以便提升自己的名望、地位，他们从来就没有想过放弃，放弃那些不足取的东西。因此，他们的人生永无宁静，永无快乐。

没有放弃的勇气和胆识，你就无法比别人看得更远，无法比别人走得更远。我们的时间和精力都是有限的，在一个时间段内，我们也许能做好一件事情，但不可能同时做好几件事情。

著名歌唱家帕瓦罗蒂在回顾自己的成功之路时，曾讲过这样一个故事：

他小时候很喜欢唱歌，在这方面也表现出了一定的天赋，但他同时也是一所师范院校的学生，学习成绩也不错。师范毕业时，他很苦恼，是继续学习唱歌呢，还是做一名教师？他想边做教师边用业余时间唱歌。但他父亲说："孩子，如果你想同时坐两把椅子，你只会掉到椅子中间的地上，在生活中，你必须学会放弃一把椅子。"帕瓦罗蒂于是为自己选择了一把"椅子"。他说："选择和放弃是一件痛苦的事情，但却是成功的前提。"

其实，放弃并不一定意味着失去。放弃贪婪，就得到了轻松；放弃痛苦，就得到了快乐；放弃患得患失，就得到了洒脱；放弃阴霾的昨天，就得到了晴朗的今天。

一位老禅师坐在快速前进的马车上，一不小心掉了一只刚买的新鞋子。由于急着赶时间，也来不及停车去拾取了。

他身边的小沙弥叹了口气说："师父，好可惜呀，那是刚买的新鞋子啊。"

没想到老禅师迅速把另外一只鞋也扔了出去，小沙弥惊讶地问："师父，您这是做什么呀？"

老禅师微笑着说："这一只鞋无论怎样，对我而言已经没有用了。如果有谁能捡到一双鞋子，说不定他还能穿呢！"

这是禅的智慧，是深悟的哲学。我们很多人常常患得患失，对已经失去作用的事物一直耿耿于怀，不能放下。其实一旦放下，放眼长空，不仅可以使自己释怀，更多时候还能使他人获益，一举多得。

人生中，必要的放弃不是失败，而是智慧；必要的放弃不是削减，而是升华。

所以，我们说必要的"舍"是一种理智，是一种智慧，是一种升华，因为这样的"舍"是一种更高层次的"得"。正所谓"舍得、舍得，有舍，才有得。"

## 3、成功的重要秘诀，就是懂得正确的选择

多年来，成功学者研究人生成功的方法，发现很多人的成功或失败并不取决于他懂不懂什么成功的方法。方法固然重要，但真正决定成败与否的关键，其实是他的选择，他的决定，即正确的舍得。

有一位心理学家曾经说过，一个人平均每小时会有 6 次选择，扣除掉 8 小时睡眠时间，一天就要面临 96 次选择，一年则有 3.5 万次选择的机会。

当然不完全是重要或决定成败的选择，其中包括一早闹钟响了，你选择起不起床？吃饭时间到了，你选择吃不吃饭？吃什么？等等。成功的人总是做正确的选择，有挑战性的选择，会产生效益的选择，甚至是长远的选择，人与人最大的差异就是当你面临选择的时候你所做的决定。

如果把成功比作一条路，那么每一次正确的选择就好比是路下面

的一个个坚固的基石。只要基石是持久坚固的，那么路的寿命就会比较长。而如果其中有一个基石不坚固，出现了问题，那么相应的那块路面就可能发生塌陷，这条路的寿命可能就此宣告终结了。在人生的道路上，成功是一个持续不断的过程，一次正确的选择可以成就一次小小的成功，但要想获得更大的成功，我们就要不断地做出正确的选择，同时，还必须降低做出错误选择的概率，减少做出错误选择的风险。可以说，人生的道路是很漫长的，但紧要的就那么几步。如果一个人在这紧要的几步上选择错了，那么他很可能面对即将到来的失败。能不能实现飞跃，能不能实现自己的梦想，选择的正确与否是至关重要的。而连续正确的选择，则是一个人走向成功的保证。

很多人之所以在取得一点小小的成功后就止步不前、不思进取，乃至身败名裂，原因就在于他们不能连续做出正确的选择。一个白手起家的人，他最初选择了勤劳、节俭、踏实、谦虚、好学、上进……这个正确的选择使得他在奔向成功的道路上，尽管可能有一段时间会走得很艰难，但是目标没有变，方向没有错，脚步虽然慢了，可是没有停，最终能够取得成功就是必然的结果了。在取得阶段性的成功后，他面临两个选择：继续努力，去取得更大的成功；停下来，好好享受成功的果实。选择前者的人会在之前成功的基础上，再加上技术、人才、信息等选择，不断强化和拓展已有的成功，使之能够成倍数增加。选择前者的人是在前一个成就成功的正确选择的基础上，连续做出的又一个正确选择。有的人则会选择后者，他觉得自己之前那么辛苦才取得成功，吃了那么多的苦，遭了那么多的罪，自己多不容易，现在成功了，就要好好享受成功的滋味。于是，开始抵挡不住花红柳绿的各种诱惑了，很多的选择一下子摆在了他的面前。他要么在众多的选择中迷失了自己，要么就是做出了错误的选择，不但不能继续取得成功，相反还葬送了自己已经取得的成功。

一次正确的选择就可以成就一次成功，而一次错误的选择不但不能带来成功，反而可能会带来难以想象的麻烦和苦恼。而正确的选择来自思想的成熟、对生活的理解和理智的判断。当我们面对选择时，一定要放弃固执、盲目、冲动，要开阔思维、放远目光、权衡利弊、正确判断。因为人生所走的每一步都是在选择中完成的。一次又一次的选择叠加成了命运，选择的不同导致了迥异的命运。

今天的生活源于我们昨天的选择，明天的发展源于今天的选择。

我们今天的家庭、事业、成就、人际关系都是我们不断选择的结果。选择正确，结果就可能正确。

我们都希望自己成功，拥有更多的财富。可这一切并不是通过梦想就可以轻易得到的，我们需要付出比别人更多的精力、时间和汗水，我们可以经由这些因素取得成功。但关键的是我们的选择必须正确，把事情做对并不难，难的是选择做对的事情。一旦我们选择有错误，成功将离我们越来越远，因为选择比努力更重要。正如一位成功学家所说，一个正确的选择可以把一个平凡的人生过渡到精彩的彼岸，走错了一步，则全盘皆输。

巴顿将军曾说过，去做一件事，先经过估测再去冒险，同那莽撞蛮干是两回事。这句话道出了我们做事的原则——先选择，再冒险。这里所谓的“选择”，就是说不能莽撞，不能听风就即是雨，要以冷静的头脑去分析这件事能不能，如果能做的话应该怎么去做；所谓“冒险”，就是说做事必须要敢于行动，不能唯唯诺诺，前怕狼后怕虎。可以说，选择是一种谋略，而冒险则是一种勇气，有勇有谋的人才能成就大事。

《致富时代》杂志上，曾刊登过这样一个故事。有一个自称“只要能赚钱的生意都做”的年轻人，一次偶然的机会，听人说市民缺乏便宜的塑料袋盛垃圾。

他立即就进行了市场调查，通过认真预测，认为生产塑料有利可图，马上着手行动，很快便把价廉物美的塑料袋推向市场。结果，靠那条在别人看来一文不值的“垃圾袋”的信息，两个星期，这位小伙子就赚了 4 万元。

能抓住市场信息并能结合生活发现商机，这是选择得当，而能够真正去做，敢于行动，这便是“冒险”成功。有位成功学家指出，在成功之路上奔跑的人，如果能在机遇来临之前就能识别它，在它消逝之前就果断采取行动占有它，这样，幸运之神就来到你的面前。

当机立断，将它抓获，以免转瞬即逝，或是日久生变。看来，握住机遇，眼力和勇气是不可缺少的。生活中，但凡成功之人都是不断在选择与冒险中积累人生的经验，最终获得人生的辉煌。

而那些没能成功的人不会做选择，最后“赔了夫人又折兵”，一生碌碌无为。

有个人听说种果树能赚钱，便也不考察一下市场，就很快承包了一片果园，第二年虽然获得了大丰收，但因苹果供大于求没能卖上好价钱，不仅没赚到，还险些赔了钱。

第二年，他看到邻居卖衣服赚了钱，自己也想做些服装生意，于是他把果园转给了朋友，自己又风风火火地投入服装生意中，结果因为他的经验不足，也没有太好的进销渠道，收效依然不理想。而那个承包果园的朋友则赚了一笔。

这个人很沮丧，问朋友为什么自己做什么都不能赚钱呢？朋友分析说：“你总是听别人说什么就去做什么，从来不去考察这件事有没有可行性，也从不想这件事是不是适合你去做，你总是想当然，虽然你能及时上路，可是方向不对，你离目标只会越走越远。”

没有判断力的人，往往听风就是雨。凭借着过人的勇气，这样的人有时候也能碰到好运气，也会成功，但更多的时候，大半都消耗在没有效率的忙碌中，赴别人的后尘，与成功无缘。

世界上还有另一种人，与上面那个人恰恰相反，他们喜欢思考，却不善于行动，虽然思前想后固然可以免去一些做错事的可能，但更大的可能是会失去更多成功的机遇。

一位智商很高的才子，非常善于思考，思维又缜密，某日，他决定“下海”做生意。

有朋友建议他炒股票，他仔细研究了三天，对朋友说：“炒股有风险，我再等等看。”

又有朋友建议他到夜校兼职讲课，他觉得这也是一种不错的生财之路，但仔细计算了一下，讲一堂课，100 元钱，一个月 12 堂课，才能拿 1000 多元钱，这离自己发财的目标相差得太远了，实在没有什么意思。

后来，他偶然在电视上看到一则招商信息，便与朋友商量开一家特色店，朋友立刻表示同意，他马上着手准备选店址，结果一询问才得知房租非常贵，又马上放弃了决定，朋友无奈，只好自己艰难地做起了这个小店，两年后，小店赢利不少，那位才子这才后悔当年不该放弃。

这位“犹豫先生”有天分，却一直在犹豫中度过了两三年，尽管他有不少想法，但总是没有真正“下海”的行动，所以一直是碌碌无为，毫无成就。

很多人不是没有成功立业的机遇，只因不善抓机遇，所以最终错失机遇。他们做人好像永远不能自主，非要有人在旁扶持不可，即使遇到一点小事，也得东奔西走去和亲友邻人商量，同时脑子里更是胡思乱想，弄得自己一刻不宁。于是越商量越打不定主意，越东猜西想、越是糊涂，就越弄得毫无结果，不知所终。

一个成功者，应该具有当机立断、把握机遇的能力。他们只要把事情审查清楚，计划周密，就不再怀疑，立刻勇敢果断地行事。因此任何事情只要一到他们手里，往往能够随心所欲，大获成功。

## 4、在生活的舞台上，你才是真正的主角

每个人都有一条属于自己的人生路，有的人走得很顺畅，有的人停停走走，有的人障碍重重。但是，这条路不管是坦途，还是险途，都是我们自己的选择。我们只需要看准目标，选对方向，然后努力向

目标挺进就可以了。但是，很多人做不到这一点。这也是为什么很多人在不同的目标之间跳来跳去，甚至不断变换目标的原因所在。还有的人总是容易被别人所左右，甚至盲目迎合别人，而忽略了自己的真正兴趣和内心所求，这种人无疑是可悲的。

一位大师与他的高徒对坐。大师问："听说你从前的师父在大悟时说了一首偈语，你还记得吗？"

"当然记得，"徒弟很自信地说，"我有明珠一颗，久被尘劳关锁；一朝尘尽光生，照破山河万朵。"徒弟流畅地背出，不免有些得意。

师父听了，大笑数声，一言不发地走了。

徒弟不明白师父为什么大笑，心里非常愁闷，一连几天都思索着这个问题，怎么也想不出原因。终于有一天，他忍不住了，去请教师父那天发笑的原因。

此时，大师笑得更开心了，对着一脸愁容的徒弟说："原来你还比不上一个小丑，小丑能笑骂由人，言行自在，你却怕人笑！"徒弟听了，豁然开悟。

在日常生活中，这种事情也很常见，很多时候，自己并不觉得自己有错误，却因为别人的一言一行而苦恼。一个眼神、一句笑谈、一个动作都会让人们心不自安，茶饭不思，睡不安枕，白白损失了自己自由快乐的权利。

在自己的人生路上，我们都是总导演，也是唯一的主演，这条路要走向何方，怎么走，这些都是我们自己说了算。别人是观众，会给我们叫好，也会给我们喝倒彩，这些权且是对我们的提醒和鞭策，但不能因为叫好就得意扬扬，也不能因为喝倒彩就失去信心。人生的这出戏能不能演好，最重要的在于自己有没有这个能力，而不是别人对我们的看法。

他和她是同学，也是好朋友，从小一起上学，一起长大。两个人的学习成绩也一直名列前茅，在他们的面前，是一条通向重点大学的光明道路。他们一直都在努力地学习，也如愿以偿地走进了重点大学的校门。在家人和朋友看来，他们的未来肯定有前途。但是，大学二年级的时候，在她还沉浸在象牙塔的浪漫中的时候，他开始思索自己今后的人生道路了。他一直都对计算机很感兴趣，平常就有意识地学习一些计算机方面的专业知识。大学的课程在他的眼中已经失去了吸引力，于是，在念完大二后，他做出了一个让所有人都很惊讶的决定——退学。

面对他的决定，老师苦心劝告，因为品学兼优的他实在是个不可多得的学术人才；父母从一开始的不相信到最后的愤怒，因为在他们的眼中，他的做法简直是大逆不道的；朋友们也规劝他，因为能够走进重点大学的校门，这是很多人梦寐以求的。当然，也有不少人在等着看他的笑话。她也从开始的不理解，到最后变成了无奈，甚至是气急败坏地以绝交相威胁。但是，这一切都没有影响他的决定，他听从了自己内心的召唤，他要选择走自己的人生道路。

他退学后，接受了系统的计算机知识培训，很快就在一家网络公司找到了工作。在工作中，他凭着专业的电脑技术，仅两个月的时间，就得到了领导的赏识，但是他仍旧没有满足，在公司工作了一年之后，他毅然辞职离开，自己开办了公司。如果说退学需要面对的是那么多人的阻挠的话，那自己创业更是荆棘遍布。付出的努力和艰辛是很多人想象不出来的，但是，因为热爱而产生的动力支持着他坚持了下来。在度过了创业的初期艰难后，他的公司很快走上了正轨，年营业额持续上涨!

后来，他去主持公司的招聘会，见到了重点大学毕业的她。除了老朋友相见的欣喜之外，还多了一些物是人非的感慨。他现在自己创业了，而且公司发展前景大好；她大学毕业了，来参加招聘会，为一份工作在人群中被挤来挤去。当年两个不同的选择，竟然造成了今天两种不同的道路。

我们无法评价他对还是她对，既然做出了自己的选择，就应该努力地走下去。困难和坎坷都是暂时的，别人的阻挠和讥笑更是不值得一提。重要的是，我们要选择好自己的人生路。人生的路是要靠自己去掌握的，没有人可以去指导你一生，就算是父母也不可能看着你一辈子，只有自己去拼搏，才能去开创属于自己的新天地。

我们自己的路自己走，自己的命运自己操纵，自己的人生要靠自己来经营，别人只会是你人生的旁观者。所以，勇敢地选择自己的人生路，让别人说去吧。

## 5、有时候，明智地放弃是坚持的另一种模式

我们说做一件事情，只要认准了方向就要坚持，这并没有错。但是如果这种坚持已经失去了意义，那就要果断地放弃，切不可钻牛角尖。否则，无异于浪费时间和精力，有时候还可能给自己带来更大的伤害。

坚持是一种可贵的精神，但是如果前方的路已经行不通，那就要马上放弃这种无意义的坚持，而改变行进的方向。有的时候，如果你的能力还达不到，那就不要执着于渴望已久的荣耀和地位。因为，即使你得到了，也无法保住它，它很快还会失去。那么，明智的放弃就是一种高瞻远瞩的智慧，等到你真正有能力掌握它的时候，它才能真正属于你。

柏林爱乐乐团是享誉世界的著名乐团，也有“世界第一交响乐团”之称，而它的首席指挥也素有“世界第一指挥”之称。很显然，能够在这样世界最顶尖的乐团当指挥，那该是多么荣耀的事啊！很多世界著名的指挥家都梦想有一天自己能够站在柏林爱乐乐团的指挥台上，演绎出一幕幕人生的华美乐章。这个幸运符降临到了英国著名指挥家西蒙·拉特尔头上。

那是在 1989 年，柏林爱乐乐团首席指挥赫伯特·冯·卡拉扬突然逝世，乐团的正常演出无法进行，于是乐团决定聘请英国著名指挥家西蒙·拉特尔担任首席指挥。当众人仰慕的一纸聘书拿在西蒙·拉特

尔手中的时候，他感到了无比的兴奋，恍惚间他觉得自己的梦想就要实现了。但他很快就冷静了下来，经过考虑，他拒绝了柏林爱乐乐团的邀请。

这让所有的人都很惊讶，很多人穷其一生都无法登上这个绚丽的舞台，而拉特尔却就这样轻易地放弃了千载难逢的机会。连来送聘书的负责人也感到很惊讶，但是，拉特尔的一席话让他不得不佩服。拉特尔说："柏林爱乐乐团是以演奏古典音乐而闻名于世的，而我对于古典音乐这门神圣的艺术的理解还不够透彻，如果我接受你们的邀请，恐怕不能带领柏林爱乐乐团迈上一个台阶，反而会起到阻碍作用。"

拉特尔的话是发自内心的，他了解自己的能力。尽管这个机会真的很难得，但是如果自己坚持去了，却不能够作出成绩，反而有损于双方的声誉，与其这样，还不如明智地选择放弃。由于西蒙·拉特尔的执意拒绝，柏林爱乐乐团只好请了另一位著名的指挥家克劳迪奥·拉巴多做了首席指挥。

他的拒绝在当时影响很大，很多人不理解。有些英国人认为拉特尔不敢接受挑战，丢了英国人的脸。英国的《太阳报》上发表了一篇文章，标题是"拉特尔没能为英国人民带来荣誉"。对此拉特尔并不介意。他说："再好的机会，如果你没有能力把握，那么还是放弃为好。"拉特尔虽然拒绝了柏林爱乐乐团的邀请，但是他并没有就此放弃努力。这之后，他默默地去学习去研究古典音乐。经过十年的努力，拉特尔以对古典音乐的不懈追求和透彻理解及自己精湛的指挥和表演取得了一次又一次成功。

柏林爱乐乐团又一次向拉特尔发出了邀请，这一次他没有再拒绝，而是欣然接受了邀请。他说："我现在准备好了，我有信心把柏林爱乐乐团带到一个新的高度。"于是，当卡拉扬的继任者拉巴多光荣退休之后，拉特尔站在了柏林爱乐乐团的指挥台上，登上了"世界第一指挥"的宝座，他以自己出色的指挥带领柏林爱乐乐团创造了音乐史上一个又一个奇迹，带领柏林爱乐乐团迎来了一次又一次辉煌。他成为柏林爱乐乐团的骄傲，也成为全英国人的骄傲。2002年6月，在一次演出之后，在场的英国首相布莱尔对拉特尔说："你的两次选择都是无比正确的，你是英国人的骄傲。"

著名国学大师林语堂说过，明智的放弃胜过盲目的执着。人要懂得量力而行，《左传·隐公十一年》有曰："度德而处之，量力而行之。"《左传·昭公十五年》有曰："力能则进，否则退，量力而行。"这都是告诫人们做事要量力而行的。

一个人有多大的能耐，就做多大的事，否则一味地执着和坚持只会给自己增加更多的压力，根本于事无补。所以，我们要正确地估量自己，不要去做自己力不从心的事情。该放就放，当止则止，才能在轻松快乐的节奏中，收获属于自己的那份成功。

为了事业的成功，我们可以放弃消遣的时光；为了纯真的爱情，我们可以放弃金钱的诱惑；为了庄严真理，我们可以放弃利禄，乃至生命。我们应该保留生命中最有价值、最必需、最纯粹的部分，而放弃那些人生的附庸和累赘。盲目地固执坚持，是一种愚蠢，是一种失败。而学会明智地放弃则是我们开启人生新篇章的开始，是选择另一种辉煌的开端。

## 6、为我们自己的选择负责到底

每个人的一生都会面临无数次的选择，有的选择很轻松，有的选择却要承受很大的压力。但无论哪种情况，只要我们做出了选择，我们就要为自己的选择负责到底。

有的人常常会以压力为借口，当他的选择在实施过程中遭遇阻碍、困难重重时，他们就会理所当然地怪罪让他做出这个选择时的压力。比如，有的同学大学毕业了，在回家就业和在大城市闯荡这个问题上，面临着左右为难的选择。而如果一旦他迫于家庭的压力选择回家就业，事业顺利还好说，一旦事业不顺利，就会怪家人当初逼迫自己选择回家。因为他们会假设，如果不是当初家里施加压力，自己现在在别的城市事业应该是一帆风顺的。殊不知，这种假设是毫无根据的。也可能你自己做出选择留在城市，谁又敢保证你的事业就肯定是步步高升呢？因为，在他们的潜意识里，他们认为是迫于家里的压力回家就业，是为父母考虑，那么父母就应该为他们的人生负责，如果他们的人生有痛苦或不幸，那不是资深的原因，而是父母逼我做出这种选择的。

这种所谓的屈从于压力的想法，其实是在逃避责任。事实上，无论当初是迫于何种压力，做选择的人是你，在任何情况下你自己都有选择权。

所以，一旦你做出了选择，你就要为自己的选择负责。因为，很简单的道理，这个选择是你自己做出来的，不是你的家人、朋友和亲戚替你做的，该负责的人是你，而不是他们。

一位漂亮的中国姑娘与一位来自大洋彼岸的美国小伙情投意合，两个人结婚后决定去美国定居。姑娘为此忍痛放弃了在国内的高薪职位，离开了家人、朋友，去了遥远而陌生的美国。为此，姑娘是抱着一种豪迈的气概登上飞机的。

她对新婚的美国丈夫说的：“我放弃那么好的工作，远离父母跟你到美国来，这可是我为你做牺牲呢。”

姑娘满以为可以换得美国丈夫的感激涕零，没想到美国丈夫却回答说：“不，不，我不认为这是什么牺牲。在我看来这只是你的一种选择，你只要认为你的选择是正确的、美好的，那你就为你的选择感到快乐就行了。”

这让姑娘有些难过，原来自己认为为婚姻做出的巨大牺牲在美国丈夫的眼中却只是一种普通的选择。

两个人在美国定居下来后，姑娘就去四处找工作，但是很难有和自己所学专业对口的工作，姑娘为此很苦闷。一天，她对丈夫抱怨说：“你看，我原来是那么好的专业，到美国却没有用了，我又得用很长时间来重新学习一门专业。我浪费的这些时间，是不是我为我们的爱情做出的牺牲呢？”

美国丈夫同上次一样马上回答说：“不，不，不要总是说牺牲，每个人都要为自己的选择负责，既然认为自己的选择有价值，这个选择就是正确的，就是值得高兴的。”

在接下来的生活中，中国姑娘才意识到，美国人在人际交往中，别人只会尊重你的选择，而不会承认你的牺牲。这就意味着：你做出的所有决定，都必须符合你自己的心愿，这样的决定才能成为自己的真正选择。这样与人打交道，才会拥有真正的平等。

一段时间后，中国姑娘跟国内的朋友说：“在美国，我必须工作，必须学会自己赚钱。没有经济上的独立，就不可能做出符合自己心愿的选择，也不可能赢得别人的尊重。”

中国姑娘的经历说明一个道理：任何人都应该为自己的选择买单，而不要指望别人对自己的选择负责。一个人想成为什么样的人，只要他选择成为那样的人，他就会成为那样的人。这就是选择的力量和魅力所在。

存在主义哲学家萨特说，英雄不是天生的，懦夫不是天生的，都是自己选择的！萨特的意思是，是英雄还是懦夫，都是本人自由选择的结果。人要为自己的选择负责，人无法回避选择，因为不选择也是一种选择。每一个希望自己能有所作为的人面对未来的未知、变化和不可测的因素都应该充分考虑，慎重做出选择，并有勇气承担各种可能出现的结果，只有这样，才能成为生活的强者。

# 第二章　舍得之道

## ——为人处世的圣经

为人处世是每个人终生的必修课，尤其是年轻人，在当今人际关系复杂的社会里更是如此。为人处世的方法不一定非得自己亲自经了事、吃了亏才能掌握，一切皆有规则可循，只要你认真学习，三思而后行，必能在人际交往中得心应手，左右逢源！

### 1、灵活机动，因“人”而异

中国有句俗话“见什么人说什么话，到什么山唱什么歌。”所谓见什么人说什么话，就是在和对方交谈时，尽量使用对方认同的语言，谈论对方熟悉和关心的话题。所谓到什么山唱什么歌，是指说出的话要符合自身所处的环境。

美国前总统里根就非常注重这一点，他总是精心安排自己的演讲，以赢得特定观众的尊重。有一次，他对农民发表演说时，说了这么一段话：

一位农民买下一片已干枯的小河谷。这片荒地覆盖着石块，杂草丛生，到处坑坑洼洼。他每天去那里辛勤耕耘。他不断劳作，最后荒地变成了花园。为此他深感骄傲和幸福。某个星期日的早晨，他操劳一番后，前去邀请部长先生，问他是否乐意看看他的花园。那位部长来了，视察一番后，他看到瓜果累累，就说：“啊！上帝肯定为这片土地祝福了！”他看到玉米丰收，又说：“哎呀！上帝确实为这些玉米祝福过。”接着又说：“天哪！上帝和你在这块土地上竟取得了这么大的成绩呀！”这位农民禁不住说：“尊敬的先生，我真希望你能看到上帝独自管理这片土地时是什么模样。”

这个小故事不仅赢得了农民的欢迎，还瞬间拉近了他与听众之间的感情。

里根之所以在政坛上能够左右逢源，就是因为他深谙“因人而异，因地制宜”的谈话技巧。我们虽然不一定需要追求那么高的讲话技巧，但是，在适当的场合说适当的话的技巧是非常有用的。否则就容易闹笑话，得罪人。

有一家人孩子过满月，亲朋好友都来祝贺，场面很热闹。主人很高兴，就抱着孩子问来宾——将来这孩子能干什么？有的人说这孩子方头大耳，一脸福相，将来肯定官运亨通；有的人说这孩子特别机灵，将来能发大财；有的人说这孩子聪明伶俐，是个读书的料……

唯独一个众人眼中饱学诗书的文化人，觉得大家说这些都太俗，想说个独特的，展现自己的学识，就郑重其事地说这孩子将来一定会变成一个老头！

可想而知，当时的气氛必会因这一句话而变得沉重，主人也可能会不高兴。不错，这位文化人说的是大实话，别人说的那些很可能将来都会成为泡影，但在这样一个喜庆的场合，人们图的是个喜庆吉利，谁会计较你说的是真还是假呢？而那个文化人不合时宜的辩证态度，却注定会使他成为那个场合最令人讨厌的一个，就是被主人轰出家门也不为过。

上面的情况虽然有些夸张，但在我们的生活中不乏这样的人。比如，有位受了儿子气的中年妇女对一位孕妇朋友说这年头养孩子没什么好处，翅膀硬了就飞了；侄子的女朋友在姑姑的寿宴上对姑姑大谈人寿保险的好处；别人就要出远门旅行，对人家说今年不太平，哪里哪里又发生了飞机失事的意外事件……

这样的场合下听到这些话，相信大家都会怨恨说话的人，即使对方是出于一片好心，也绝对会让人讨厌。

所以说，不看场合，随心所欲，信口开河，想到什么说什么，绝对是“不会说话”的人的一种拙劣表现。为了使自己更受欢迎，你必须要学会分场合说话。说话看清场合需要注意以下几点：

（1）在喜庆的场合，如婚礼、生日聚会等，首先要使自己尽量融入活动的愉快气氛里，和大家一起同喜同乐。你的参与是为了给主人家增加欢乐的气氛。说出来的话不但要迎合整体的欢乐气氛，使主人和其他的客人开心，更要让自己舒心。最忌讳的就是在这种喜庆的场合说晦气、不吉利或抱怨的话。

（2）在比较严肃的场合，如报告会、学术研讨会、座谈会等，就更应该谨慎对待。气氛是严肃的，你的话也要符合当时的场合，不能说些不严肃、轻浮或是夸张的话，否则，会给人以浅俗的感觉，从而破坏了整体的气氛。因此，话在出口前，都应该好好琢磨，并用谦虚、恳切、清晰的语言来表达。

（3）在一些伤感的场合，如追悼会、纪念会等，或在大家谈论一个让人伤感的话题时，说话更要三思，不可信口胡说。这时说话既需要控制好自己的情绪，说话不过分渲染伤感的气氛；又不可全然麻木，丝毫也不悲伤。如果这个时候还打打闹闹、嘻嘻哈哈的话，那除了招别人反感，就只能说明你是个冷血动物了。

那么看人说话又有哪些问题要注意呢？

一般来说，为人严谨、原则性强的人，喜欢听那些流利而稳重的话，这时你说话要态度尊敬，既不能高谈阔论，也不可口舌如簧，而应诚实，朴实无华。尽管话语看似简单，但每句话都说到点子上，正切合对方的胃口，最能给人留下好印象。

性情比较豪放、粗犷的人，通常喜欢听直接、爽快的话，那么你说话就不能遮遮掩掩、九曲十八弯，而应该直截了当、坦白，否则会让人感觉你讲话不痛快。

如果说话的对象是一位学识渊博之人，那你有两个选择，一是展示自己在某一方面渊博的知识，可以从理论问题谈起，引经据典，纵横交错，使谈话富有哲理色彩，但言辞应表现出含蓄和文雅，显得谦虚而又好学上进；另外一种是如果胸无点墨，最保险的方法就是引导对方多说，你只需倾听，老老实实地当个听众就行了，可以把这次谈话当成一次不错的学习机会。

如果对方是地位比较高的人，首先你要保持态度的尊重，多听对方讲，除非必要，一般不要插话。但也不能一味地做个“应声虫”，可以找准时机表达自己的看法，但不要漫无边际地扯题外话。

如果对方比自己的地位低，那么你绝不可表现出轻慢的态度，让对方觉得你对他不够尊重，甚至是敷衍。否则容易遭人怨恨。

如果对方是很有阅历的老年人，那么，你不要试图在老年人面前对你的经历夸夸其谈，最好是谦虚些，尽管老年人的有些经验比较老套，但毕竟见多识广，总还是有积极的因素可以借鉴的。

如果对方正处在失意之中，那么你不要谈得意的事。因为那可能会加重对方的失落感，所以即使万事顺心，也要保持低调，说些辛苦给朋友听，多多鼓励他；如果朋友有话要对你倾诉，你不妨做个安静的倾听者。

## 2、投其所好，从对方感兴趣的话题开始

每个人的生活环境、家庭背景、受教育程度、年龄结构、性格秉性、心理特点、语言习惯等各不相同，这些决定了他们对语言信息的要求是不同的，感兴趣的话题也不同。所以，如果你希望能尽快拉近关系或者建立起良好的关系，就要投其所好，以别人感兴趣的话题开始，展开一段愉快的谈话。不久你就会发现，迎合对方兴趣的谈话，积极主动地为他人送上一顿美味的“语言大餐”，总比你漫

无目的地乱说一通强上一百倍。这一点，在许多名人身上都得到了证实。

前耶鲁大学教授，和蔼的费尔普早年就有过这种教训。他在一篇文章中写道：

我 8 岁那年，有一个周末，我去拜望我的姑母，并在她家度假。一天晚上，一个中年人来访，他与姑母寒暄之后，便将注意力集中于我。当时，我正巧对船很感兴趣，而这位客人谈论的话题似乎特别有趣。他走后，我向姑母热烈地称赞他，说他是一个多么博学的人，对船是那么感兴趣。

而我的姑母却告诉我说："他是一位纽约的律师，其实他对有关船的知识毫无兴趣。"

我不信，问姑母："那他为什么始终与我谈论船的问题呢？"

姑母告诉我："因为他是一位高尚的人。他见你对船感兴趣，为了让你高兴，所以他才谈论船。"

我永远记住了姑母的话。

可见，谈论对方喜欢的话题，足以让对方感到愉悦，同时也会使你更受欢迎，有时候还能为你赢来很多机会，得到很大的好处。

查利夫是卡耐基的朋友，他是一位在童子军中极为活跃的人物，他给卡耐基写了一封信：

"有一天，我觉得我需要有人帮忙，欧洲将举行童子军大露营，我要请美国一家大公司的经理资助我的一个童子军的旅费。

幸而在我去见这人以前，我听说他曾开了一张百万美元的支票，而这张支票退回之后，他把它置于镜框之中。

所以我走进他办公室所做的第一件事就是谈论那张支票——一张 100 万美元的支票！我告诉他，我从未听说有人开过这样的一张支票，我要告诉我的童子军，我的确看见过一张百万美元的支票。他很欣喜地向我出示那张支票。我表示羡慕他，并请他告诉我其中的经过情形。"

查利夫先生没有谈论童子军或欧洲的露营，或他所要做的事，他谈论的是对方所感兴趣的事情。事情的结果又怎样呢？

“使我非常惊奇地，”查利夫先生继续写道，“他不但即刻答应了我的请求，并且比我要求的还多得多。我只请他资助一个童子军赴欧洲，但他竟资助了5个童子军，并让我们在欧洲住一个星期。他又给我开了介绍信，介绍给他分公司的经理，让他们帮忙。他自己又亲自在巴黎接我们，带领我们游览城市。自此以后，他经常给那些家境贫苦的童子军提供一些工作，而且现在他仍在我们的团体中活跃地工作。”

“但我知道如果我不曾找出他所感兴趣的事，使他先高兴起来，那么我想接近他是多么不容易！”

无数事实证明，说别人感兴趣的话题是非常重要的，那么，怎样才能让自己轻松地掌握这一社交技巧呢？这一方面，罗斯福总统的经历可能会给大家一些启示。

凡到过牡蛎湾拜访过罗斯福的人，对他广博的知识无不感到惊奇。“无论是一个牧童，猎骑者，纽约政客，还是一位外交家，”勃莱特福写道，“罗斯福都知道同他谈些什么。”那么罗斯福是如何做到这一点的？

其实答案很简单。无论什么时候，罗斯福每接见一位来访者，都会在这之前了解下这位客人的情况，尤其是对方特别感兴趣的东西，以便找到令人感兴趣的话题。

了解对方是非常重要的，尤其是对一些脾气怪异的人来说，事先的了解就显得更必要了。你要知道对方的兴趣、爱好还要知道对方讨厌什么，有哪些忌讳，对于后者不提为妙。

对于一些我们没有机会了解的人，不妨当时打探，现买现卖，你可以试探性地问问“您有什么爱好”“喜欢什么运动”等，这样再就这一话题展开也不失为一种好方法。

对不同的人还有一些普遍性的话题：

如果对方是个年轻女孩，与她谈美容、瘦身基本不会错；

如果对方是个年轻男孩，说电脑游戏就差不多能唤起共鸣；

如果对方是中年的父母，谈论他们的孩子会让他们非常有话可说，也有话愿说；

如果对方是个成功人士或是个曾经成功的人，就提他最辉煌的经历，必然能让他开心。

总之，对方喜欢的话题因人而异，但并不难发现，手机上的小挂件，钱包里的照片，书架上的书，电脑的桌面等都能表现出一个人的喜好，只要你细心观察，必然能有所得。

此外，要使谈话顺利进行，还需掌握一些交谈的艺术。

第一，精神要集中。交谈时，讲话者不能心不在焉，听话者也要全神贯注，不能漫不经心。听是说的前提，只有认真听对方的话，才能做出积极反应，从而使交谈能够顺利进行下去。

第二，听话者要耐心听，不要插嘴，还要学会适时的“搭茬儿”，协助对方把话说下去。善言谈者，能“化干戈为玉帛”，达到互相交心，增进友谊的目的。

第三，要兼顾各方。如果谈话对象是多个人时，应不时与各位攀谈，以免冷落他人，鼓励在座各位都开口说话，尽量找到大家都感兴趣的话题，如果发现某一位对此话题反感，就想办法及时转移话题，以免引起“一人向隅，举座不乐”的尴尬局面。

## 3、成人之美是美德中的核心

我国有句古话：“君子成人之美，不成人之恶。”可以说，成人之美是美德中的美德，也是我们中华民族的优良传统。凡是成人之美的话，诸如激励人心的鼓励，善意的忠告，给人找台阶，把面子送给别人等都是受人欢迎和尊重的。

古代有位大侠名叫郭解。有一次，洛阳某人因与他人结怨而心烦，多次央求地方上有名望的人士出来调停，但对方就是不给面子。此人很是心烦，后来找到了郭解，请他来化解这段恩怨。

郭解一出面，没费吹灰之力就使这人同意了和解。按照常理，郭解此时不负人托，完成这一化解恩怨的任务，可以走人了。可郭解还有高人一着的棋，一切讲清楚后，他对那人说："这件事，我听说过去有许多当地有名望的人调解过，但因不能得到双方的共同认可而没能达成协议。这次我很幸运，你也很给我面子，让我了结了这件事。我在感谢你的同时，也为自己担心，我毕竟是外乡人，在本地人出面不能解决问题的情况下，由我这个外地人来完成和解，未免会使本地那些有名望的人感到丢面子。"

他顿了顿，说："您能不能再帮我一次，从表面上要做到让人以为我出面也解决不了问题。等我明天离开此地，本地几位绅士、侠客还会上门，你把面子给他们，算作他们完成此一美举吧。拜托了。"

对方听到郭解这一番话对他更是高看一等，钦佩有加——世间人们都恨不得把别人的面子扯过来贴到自己脸上，而郭解却愿意成人之美，把自己的面子扯下来，送给其他有名望的人，其境界之高，实在令人钦佩。而对于郭解本人来说，既完成了别人对自己的托付，又树立了自己的良好形象，可谓一举两得。

为人处世，成人之美之事多多益善，可以说，你每做一件这样的事就等于为自己积累下了一个朋友，朋友多了你的成功之路就会变得更加平坦。

清朝末年，陈树屏做江夏知县。当时张之洞在湖北做督抚，张之洞与抚军谭继询关系不和，但陈树屏常能巧妙处理，哪一头也不得罪。

有一天，陈树屏正在黄鹤楼宴请张、潭二人及其他官员。座客里有人谈到江面宽窄问题。谭继询说是五里三分，张之洞却故意说是七里三分，双方争执不下，谁也不肯丢自己的面子，宴席上的气氛顿时紧张起来。

陈树屏知道他们是借题发挥，对两个人这样闹很不满，又怕扫了众人兴。他灵机一动，从容不迫地拱拱手，言词谦虚地说：“江面水涨就宽到七里三分，而落潮时便是五里三分。张督抚是指涨潮而言，而抚军大人是指落潮而言。两位大人都没有说错，这有何可怀疑的呢？”

张之洞和谭继询本来就是信口胡说，接下来由于争辩下不了台阶，听了陈树屏的这个有趣的圆场，自然无话可说了。

众人一起拍掌大笑，争论便不了了之。

可以说，陈树屏这个台阶可真如及时雨，给得可谓恰到好处。这两位上司对他更是另眼相看，欣赏有加。

不久，陈树屏就升了职。

因此，成人之美是利人利己的事，相反，有许多缺乏处世经验的人，不但不懂得成人之美，反而喜欢拆别人台，揭别人短，使人家的兴致成为泡影，这样的人必是人人讨厌，其社交形象也必会大受影响。

在一次宴会上，有个人看到邻座的一位太太非常优雅美丽，为了找话题，他就向这位太太讲起了他任职的中学里一位校长的秘密事情，同时表现出对那位校长卑鄙行为的不满，并大大地说了一堆攻击的话。

直到后来，那位太太才向他道：“先生，你认识我是谁吗？”

“很抱歉，我还没请教您贵姓。”他回答说。

“我是你说的那位校长的妻子！”

这位先生立刻窘住了。真可谓弄巧成拙，刚巧撞到了枪口上，可想而知，这位先生的职业生涯必会有一场不小的震动。

如果把成人之美看作为自己的未来铺路，那么送人之恶就可以算是拆自己的台，“恶事”做多了必会处处树敌，使自己无安身之地。想要有良好人际关系的朋友一定要记住——成人之美，不成人之恶。

## 4. 做人不要做绝，说话不要说尽

“做人不要做绝，说话不要说尽”，这是一条永不过时的处世原则。事实证明，待人处世，需要留有余地方能进退自如。如果事事做绝，必会把人得罪个精光，无异于绝了自己的后路。

西汉时期，主父偃未发迹时，穷困潦倒，连借钱都无处可借。世态的炎凉，自身的困顿，使他对世间的一切充满了仇恨，发誓一定要出人头地，报复那些羞辱他的人。他一度游历了燕、齐、赵等国，可始终不被任用，这更加深了他的仇恨心理。万般无奈，他孤注一掷地来到首都长安，直接向汉武帝上书。这次的冒险使他大有所获，汉武帝对他十分赏识，立即授以官职。一年之内，他竟连升四级，官居显位。

有了权势，主父偃便迫不及待地施展了他的报复行动。以往得罪过他的人，都加以罪名，纷纷收监治罪。哪怕只是从前对他态度冷淡的人，他也不肯放过，极尽报复，不惜置人于死地。至于当初冷遇他的燕、齐、赵等国，他更是处心积虑地把一腔仇恨发泄在其国王身上。汉武帝的哥哥，是燕国国王，他无恶不作，臭名昭著。他先是霸占了父亲的小妾，生下一个儿子，接着又把弟弟的媳妇强行抢来，据为己有。

主父偃正为如何报复燕王发愁之际，偏巧这时有人向朝廷告发了燕王的丑行。主父偃主动请缨，获准受理此案。他假公济私，不仅向武帝诉说此中实情，还添油加醋地编排了燕王的其他“罪行”，最终迫使燕王自杀了事。

有友人劝诫他说：“做人不能太过霸道，不留余地。你如此行事，实在过分，我真为你担心啊！”

主父偃却不以为然，振振有词地回答说：“大丈夫生不能五鼎而食，死难免五鼎而烹，我求官奔波四十余年，受尽屈辱，今朝大权在手，又怎能不尽情享用？人人都有欲望，人人都有私心，穷困时连父母、兄弟、朋友都不肯认我，我又何必在意别人的说法？”

不久，主父偃又有了新想法，他想把自己的女儿嫁给汉武帝的远房侄子也就是当时的齐王。却没想到他的请求遭到了齐王的拒绝，为此，主父偃怀恨在心，便对武帝进谗言，还捏造罪名，肆意陷害，使得齐王自杀而亡。

赵王看到这种形势感觉不妙，他索性来个先发制人，抢先上书汉武帝，揭发主父偃贪财受贿，胁迫齐王。主父偃这次猝不及防，陷入被动。他被收监下狱，承认了受贿之罪，却拒不承认对齐王的胁迫罪名。

一般来说，朝廷要杀一个大臣，总会有其他大臣来说情，皇帝通常会顾及大臣的面子就坡下驴。汉武帝本不想杀他，希望卖给大臣们一些顺水人情，可万万没想到，出来求情的大臣寥寥无几，揭发他罪状的人却络绎不绝。原来主父偃平时做事咄咄逼人，树敌过多，早已众叛亲离，自然无人肯为他说一句好话。汉武帝见状，终于狠下心来，杀掉了主父偃。

俗言道：“凡事留一线，日后好见面。”试想，如果主父偃平时收敛自己的行为，对人留足人情，做事留足余地，想必他的命运就不会如此了。

福特是石油大王洛克菲勒的好友，两人经常有商业往来，福特还是帮助洛克菲勒创建标准石油公司的伙伴之一。但有一次，洛克菲勒与福特合资经商，因福特投资失误而惨遭失败，损失巨大，福特心中甚感不安。

福特觉得很难向洛克菲勒交代，因此，总是尽量避免和他见面。但是有一天，福特正走在路上，却发现洛克菲勒与其他两位先生走在他后面，他有些仓皇，就假装没有看见他们，一直低头往前走。

没想到，洛克菲勒叫住了他，走上前拍了拍他的肩，微笑着说：“我们刚才正在谈有关你的事情。”福特脸一红，以为洛克菲勒要责怪他，于是他说：“太对不起了，那实在是一次极大的损失，我们损失了……”洛克菲勒摆摆手，若无其事地说道：“啊，我们能做到那样已经难能可贵了。这全靠你处理得当，让我们保存了剩余的60%，这完全出乎我的意料，谢谢你！”

洛克菲勒没有因为福特没把事情办好而去埋怨他，相反还说了一些赞美和感谢的话，这真是出乎福特的意料。此后，福特努力做事，不仅为洛克菲勒挽回了损失，而且还为公司赚了不少的钱。

任何人都有犯错的时候，如果对方并不是蓄意害你，并且对这次错误内疚不已，那么就要想办法化解他的尴尬，给他一个台阶下，为日后的交往留一个余地。你给别人留下的余地多了，自己的退路也就广了。

杯子留有空间，就不会因为加进其他液体而溢出来；气球留有空间便不会爆炸。我们在为人处世时，也要留有余地，要知道，凡事总会有意外，留有余地，就是为了容纳这些意外。说话时留余地，便不会因为“意外”的出现而下不了台，做事留有余地就可以从容转身。

## 5、聪明有大小之分，糊涂有真假之分

大凡立身处世，是最需要聪明和智慧的，但聪明与智慧有时候却要依赖糊涂才得以体现。郑板桥说：“聪明有大小之分，糊涂有真假之分，所谓小聪明大糊涂是真糊涂假智慧；而大聪明小糊涂乃假糊涂真智慧。所谓做人难得糊涂，正是大智慧隐藏于难得的糊涂之中。”从某个角度上来说，“大智若愚”才是聪明的最高境界。那么，一个人有很大的智慧，为什么看起来像是很愚笨的样子呢？这里的关键在“若”字上。“若”营造了一种假象，目的是减少外界的压力，降低外界的期望，隐藏自己的真实目的，从而使外界放松警惕和戒备，积极积蓄自己的

力量。它表现为在平凡中突出不平凡，在消极中展现积极。这样的处世态度，很多时候就是保护自己的最佳策略。

商纣王荒淫无道、暴虐残忍，一次彻夜长饮，最后昏醉不分白天黑夜，于是问左右之人，大家都说不知道，然后又问贤人箕子。箕子深知“一国皆不知，而我独知之，普其危矣”的道理，于是也装作昏醉，“辞以醉而不知”，得以保全了自己。

这就是“大智若愚”的智慧。大智若愚，表面上糊涂的人，虽不计一时的得失却能聪明一世，明哲保身，始终立于不败之地。

战国末期，秦国大将王翦奉命出征。出发前他向秦王请求赐给良田房屋。

秦王说：“将军放心出征，何必担心呢？”

王翦说：“做大王的将军，有功最终也得不到封侯，所以趁大王赏赐我酒饭之际，我也斗胆请求赐给我田园，作为子孙后代的家业。”

秦王大笑，答应了王翦的要求。

王翦到了潼关，又派使者回朝请求良田。秦王爽快地应允。

朝中很多人都嘲笑王翦，他的心腹实在听不过去，就劝王翦说大敌当前不要那么贪小利。王翦支开左右，坦诚相告：“我并非贪婪之人，因秦王多疑，现在他把全国的部队交给我一人指挥，心中必有不安。所以我多求赏赐田产，名为子孙计，实为安秦王之心。这样他就不会疑我造反了。”

王翦此举果然得到了秦王的信任。王翦揣着明白装糊涂，不能不说是真正的大智者。

在我们的日常生活中，常以智商来评价人们的聪明程度。然而，顺着这个逻辑，我们会发现很多成功的人物并不是绝顶聪明，相反，他们可能还有些笨。有个统计数字显示，在成功的人物中最多只有不超过 10% 的人智商超群，其余 90% 的人智商绝对只是普通人水平。但是，他们成功了。为什么会这样呢？原来，成功的人物更重视智慧。聪明与智慧实在是两回事，聪明是一眼能把事情看明白的能力，而智慧就更高了一个层次，不仅能看清事情的真相，还能分出即时的利益和日后的好处，为了日后的大利，肯去吃眼前的小亏。

美国第28任总统威尔逊小时候看上去比较木讷，镇上很多人都喜欢和他开玩笑，或者戏弄他。一天，一个比他大的孩子一手拿着一美元，一手拿着五美分，问威尔逊会选择拿哪一个。

威尔逊想了想，选择了五美分。

“哈哈，他放着一美元不要，却要五美分。”这个大孩子哈哈大笑，四处传播着这个笑话。

许多人不信威尔逊竟有这么傻，纷纷拿着钱来试。然而屡试不爽，每次威尔逊都选择五美分。整个学校都传遍了这个笑话，每天都有人用同样的方法愚弄他，然后笑呵呵地走开。

终于，他的老师有一天忍不住了，当面询问威尔逊：“难道你不知道一美元和五美分哪个多哪个少吗？”

“我当然知道。”威尔逊平静地说，“可是，我如果要了一美元的话，就没人愿意再来试了，我以后就连五美分也赚不到了。”

威尔逊到底是聪明还是蠢笨不言自明。

《老子》中有一句是：“知不知，尚矣。”意思就是说，明明你知道，却又装作不知，这是很高明的做法。而“大智若愚”的处世态度也是一种存世、立世的大智慧。相反，如果时时处处都表现出自己的聪明才智，往往会聪明反被聪明误，最终害了自己。

相传东汉末年，曹操的谋士杨修才思敏捷，灵巧机智，后来官居主簿，替曹操典领文书，办理事务。可以说在工作上杨修表现得非常出色。只是杨修太聪明，时常喜欢卖弄。有一次，曹操造了一座后花园。落成时，曹操去观看，在园中转了一圈，临走时什么话也没有说，只在园门上写了一个“活”字。工匠们不解其意，就去请教杨修。杨修对工匠们说，门内添“活”字，乃“阔”字也，丞相嫌你们把园门造得太宽大了。工匠们恍然大悟，于是重新建造园门。完工后再请曹操验收。曹操大喜，问道：“谁领会了我的意思？”左右回答：“多亏杨主簿赐教！”曹操虽表面上称好，而心底却很忌讳。

还有一次，塞北有人给曹操送了一盒精美的酥，想巴结他。曹操尝了一口，就在酥盒上竖写了“一合酥”三个字。杨修看到盒子上的字，竟拿取餐具给大家分吃了。曹操听说后虽然表面上喜笑，心头却对杨修非常不满。

不久，又发生了一件事，让曹操下了杀杨修的决心。

曹操为人多猜疑，怕人家暗中谋害自己，常吩咐左右说：“我梦中好杀人，凡我睡着的时候，你们切勿近前！”有一天，曹操在帐中睡觉，故意把被子掉在地上，一近侍慌忙去为他覆盖。曹操即刻跳起来拔剑把他杀了，然后又上床睡去。

等他起来后装作不知此事，侍臣以实情相告。曹操痛哭，命厚葬近侍。人们都以为曹操果真是梦中杀人。杨修却又冷嘲热讽地指着近侍尸体而叹惜说：“丞相非在梦中，君乃在梦中耳！”曹操压住心中的愤怒，开始为杀杨修找理由。

后来，曹操出兵汉中进攻刘备，困于斜谷界口，欲要进兵，又被马超拒守，欲收兵回朝，又恐被蜀兵耻笑，心中犹豫不决，正碰上厨师上鸡汤。曹操见碗中有鸡肋，因而有感于怀。正沉吟间，夏侯惇入帐，禀请夜间口号。曹操随口答道：“鸡肋！鸡肋！”夏侯惇不明白什么意思，正在琢磨“鸡肋”二字的意思，杨修又一针见血地说：“鸡肋者，食之无肉，弃之可惜。今进不能胜，退恐人笑，在此无益，不如早归，来日魏王必班师矣。还是先收拾行装，免得临行慌乱。”

夏侯惇赞叹道：“公真知魏王肺腑也！”于是众将纷纷收拾行装。曹操得知此情后，非常恼怒地说：“你怎敢造谣言，乱我军心！”便下令把杨修杀了，还把他的首级挂在辕门外。

杨修之死虽可惜，但也是咎由自取，明代李贽评《三国演义》时对这件事曾写道：“凡有聪明而好露者，皆足以杀其身也。”点破了其中的道理。为人处世，不必太精明，尤其是对那些该糊涂的事，更不可表现得过于明白，这样才是真正的安身之道，才是真正的大智慧。

## 6. 要有自知之明，不要自以为是

许多人在人际交往中都会犯这种错误——把双方的关系变成老师和学生一般。尤其是地位较高的人在地位较低的人面前，好像只要有一张会说话的嘴巴就够了，根本没心情听对方有什么意见。

仔细想想，你可能也会发现，在你打过交道的人中，最让你讨厌的是什么样的人？恐怕十有八九是那些只顾发表自己高见，无心听你说些什么的人，与这样的人相处，你会觉得他自以为是，恨不得给他两句难听话杀杀他的气焰。孟子说："人之患在好为人师。"意思是说，一个人最大的缺点就是喜欢做别人的老师。也是告诫人们为人要谦虚，要自省，要有自知之明，而不要自以为是。

如果我们对生活仔细观察就会发现，我们身边会听别人意见、建议的人，常常能从别人的话中找到对自己有用的东西，从而移为己用，成就大事；而那些总想表现自己比别人高明，不喜欢当"学生"，时时以"老师"自居的人，反而不容易得到人们的尊敬，有时还可能会自取其辱。

有个年轻人，才华横溢，总是有种俯视一切的感觉，他时常指责别人说，你那种观点是错的，你做事的方法有问题……久而久之，人们都不喜欢与他来往，年轻人感到非常茫然。这年春节时，他到大学老师家拜年，就向老师倾诉此事。

老师笑着说："你犯的是好为人师的毛病。你觉得自己比别人有见识，就总想指点别人，给别人的感觉就像是聪明人指点傻子，别人自然觉得心里不舒服，所以就不愿再与你来往了。"

年轻人茅塞顿开，谢过老师。在他正要离开时，发现老师家的鱼缸里只有石头而没有鱼，他很奇怪，就问老师原因。

老师对他说："我每犯一次同样的错误，就捡起一块石子扔入缸内。"

没过多久，学生又来拜访老师，说："我按照您告诉我的方法去做，不再指责或批评别人了，这招果然很有效，现在大家对我已经不像原来那样敬而远之了，我觉得很开心。可是我隐隐感觉到他们对我还是怀有戒心。"

老师问道："那你有没有在表情上流露出不屑之情呢？虽然你不说，别人还是能够感觉到的，这也许就是别人对你不满的原因。你以后只要多多去想想别人的话有哪些价值，而不是把心思花在挑别人的毛病上，你表现得越谦虚，别人就会越喜欢你。"

年轻人恍然大悟，知道了症结，便下决心痛改前非。不久，他兴冲冲地来到老师家汇报近况"我身边的人对我已经完全没有敌意了，我们都能像朋友一样相处，美中不足的是，我无法感觉到自己很受欢迎，对大家来说，我只是一个可有可无的人，我怎么做才能让大家愿意来主动接近我呢？"

老师想了想，说道："这并不难，你以后只要多肯定他们，多赞美他们就行了。"

年轻人表现出非常惊讶的表情："什么？如果说不指责他们，我勉强还能做到。但如果去肯定他们，赞美他们，我觉得这几乎不可能。他们个个都笨得出奇，做什么都做不好，我还要肯定他们、说恭维的话？这根本做不到。"

老师有些生气了，训斥他道："你这个孩子太自以为是了，你以为别人事事都不如你吗？你谈话引经据典就觉得是真理，别人谈话朴实无华就是谬论吗？你做事有你的条理，别人做事有别人的统筹，难道和你方法不一样的就都是错误的吗？"老师连连发问，学生面红耳赤，无言以对。

老师越说越生气，干脆批评到底："你这个孩子上学时就非常自负，怎么走向社会这么多年还是不能改掉这个毛病？你总是把自己的思维模式、行为模式强加给别人，你的狂妄从某个角度上来说正是一种无知！你以为自己是谁呀？你应该……”

年轻人再也沉不住气了，他叫道：“够了！老师您说的话太重了，我是来请教问题的，不是来挨骂的！我也有自己的行为规范和做事的原则，你又何必强加给我？”说完，告辞而去。

老师此时也平息住了怒火，呆呆地看着学生渐渐远去，他突然拍了拍自己的脑袋，叹道：“为什么明明知道这个道理却管不住自己的嘴巴呢？”说完，他捡起一块石子，扔进了水缸。

看完这个故事相信大家都会有所反思，故事里的老师，故事里的学生也许就是我们生活中的原型，我们明明知道“不要好为人师”的道理，却难以真正做到对人虚心谦逊，常常是自以为是，把自己的观点强加于人；我们能看出别人爱指手画脚的缺点，却对自己的“好为人师”视而不见，从而使自己陷入某种困境。

而“以人为师”就不会有这种麻烦，不会惹人厌烦，也不会露出自己的不足，反而会让人觉得你很谦虚，使对方感到你很尊重他，从而使对方对你产生好感。有时候，以为人师还能为你带来意外的收获。

美国“石油大王”盖蒂曾买了一块石油藏量极丰富的地。可是它太小了，夹在别人的地中间，只有一条极狭窄的通道，根本无法修一条铁路运送笨重的钻井设备。眼看别人的钻井都竖起来了，盖蒂却一筹莫展，就向员工讨主意。

一位老工人见老板来向自己讨教，惊喜万分，他仔细分析了一番，对老板说：“也许可以定制一套小型设备，建一座小型钻井。这样可以降低运输难度。”

盖蒂心里一亮：既然可以定制一套小型设备，为什么不可以修一条较窄的铁路呢？结果，这个超常规的主意解决了盖蒂的所有难题，他最终在这块地上竖起了油井，并赚得了几百万美元。

每个人的知识都有一定的局限，以人为师，就刚好可以弥补这种不足，许多成功人士都非常重视与身边的人沟通，并从倾听中得到许多信息，其中一定有值得自己借鉴的东西。那些少说多听的人显得比一般人有头脑，其原因也在于此。

因此，行走在社会上，要以人为师，而不要好为人师。你不仅仅要管住自己的嘴巴，更是要从心里更深层地体会其精髓之处：对人对事要保持谦恭之心，多考虑别人处事的合理之处，多学习别人的过人之处，做到“见贤思齐，见不贤而内省”，这样才能取得真正的进步，才能得到人们真正的尊重。

## 7、不要等到需要帮助时才想到别人

很多人在生活中都会遇到这样的麻烦，明明认识的人不少，然而遇到麻烦需要找别人帮忙时却找不到那个能给你帮助的人的电话号码，或是有那人的号码却因为很久没有和他联系过而不好意思开口。

或者是久未联系，好不容易找到合适的人，人家却冷冰冰地回绝了你的请求。

很多人不太重视平时对朋友的感情投资，没事时宁可发呆也不愿给朋友发条信息沟通一下感情，殊不知，交朋友并不是“短平快”的交易，希望自己“急时有人帮”就得早做准备，未雨绸缪。所谓“晴天留人情，雨天好借伞”正是这一道理。

小钟是一个比较会保养的女孩，皮肤非常好，一次聚会上她认识了一个大姐，与她是同行，都是会计，小钟觉得自己以后一定少不了要向这位大姐请教一些问题，就与这位大姐闲聊了起来，想拉近感情。聚会结束后，她们互留了电话，过了几天，小钟就想和大姐联系一下，可是，找个什么借口呢？她想来想去，想起这位大姐曾跟她说过：“哪种洗面奶效果好一些呀，我用的总是不太好。”

小钟便以这个为借口，给她打电话说："上次听您说选不到好的洗面奶，我这几天刚好去商场选了一款，估计会很适合您。我给您快递过去……"这位大姐听了以后非常感动。小钟花几十块钱就成功地"收买"了人心。

此后，她又发信息给这位大姐询问使用的效果，还给她分析皮肤情况，一来二去，两个人也熟络了起来，此后，小钟遇到了工作的问题上就非常自然地请这位大姐帮忙，这位大姐自然也乐于相助。

生活中无事也登"三宝殿"，纯系"拉家常"和"感情投资"。所以，对方万一是自己想请求帮忙的对象，即使是平常无事相托时，也有必要认真地保持联络——平时保持联系，在困难时提出请求比较容易开口，而对方也不会觉得自己遭利用，并能自然地提供帮助。所以说，保持无事相求时也能轻松的相互联络的关系，才是"平时烧香"最理想的状态。

人情这种投资最忌讲近利。讲近利，就犹如人情的买卖，就是一种变相的贿赂。对于这种情形，凡是有骨气的人，都会觉得不高兴，即使勉强收受，心中也总不以为然。

所以维护人际关系非常重要，其首要原则就是不要与朋友失去联络，不要等到需要获得帮助时才想到别人。其实，日常维护朋友关系的方法很多。

最方便也是最稳妥的方式是利用网络的一些社交工具，如QQ、MSN、微信等，早上上班问个好，对方不忙的时候可以简单地聊上两句，这种随性聊天的效果有时甚至好过见面聊天。

如果对方工作比较忙，没有聊天的习惯，可以给他发邮件，或者在节日的时候发张电子贺卡送上自己的祝福，这种方式使对方觉得你非常有礼貌，至少能保证他不会轻易忘记你。

对那些不常上网的人，手机短信也是不错的选择，尤其是节日的问候必不可少。如果与对方不是很熟悉，轻易打电话或者到家里拜访就会显得比较唐突，最好还是选短信沟通一下比较稳妥。

千万不要落井下石，别人有权有势时总是联系，无权无势时就疏于联系。

人的命运起起浮浮，穷困潦倒的英雄是常有的，这个时候正是你投资人情的大好时机。正如一位智者所说：“人情冷暖、世态炎凉，平常朋友平常过。交朋结友，不可急功近利，友情投资，宜走长线，拜拜冷庙，烧烧冷灶，平时多烧香，哪怕是只言片语的问候，亦是交友之道。”

为了日后方便联络，你得留心一些“理由”，比如对方的喜好，曾托你办的事，等等，在许多的情况下这些理由都能发挥桥梁的作用。

总之，要维护好自己的交际圈子，扩大自己的交际范围。这样一来，当你遇到麻烦时，就能较为容易地寻找到助力了。

## 8、为人处世低调一点，藏巧于拙

有句俗话叫“枪打出头鸟”，类似的话还有“树大招风”“人怕出名猪怕壮”，这些其实也是人生经验的总结。因为，一个人事业有成、春风得意，难免锋芒毕露。

若不知收敛，一味卖弄奇巧，要小聪明，甚至逞强斗勇，定会伤及他人，招致诋毁诽谤，最终落个聪明反被聪明误的下场。所以，为人处世还是低调一点好，藏巧于拙，对人对事都保持低姿态，未尝不是明哲保身之道。

在秦始皇陵兵马俑博物馆，一尊被称为“镇馆之宝”的跪射俑前总是有许多观赏者驻足，他们为跪射俑的姿态和寓意而感叹。这尊跪射俑左腿蹲曲，右膝跪地，右足竖起，足尖抵地。上身微左侧，双目炯炯，凝视左前方。两手在身体右侧一上一下做持弓弩状。这种跪射的姿态古称之为坐姿，是弓弩射击的两种基本动作之一。坐姿射击时重心稳，省力，便于瞄准，同时目标小，是防守或设伏时比较理想的一种射击姿势。

这尊跪射俑是秦兵马俑坑至今出土清理的一千多尊陶俑中，保存最完整和唯一一尊未经人工修复的兵马俑，仔细观察，就连衣纹、发丝都还清晰可见。而除跪射俑外，其他俑皆有不同程度的损坏。由此，不禁让人们想到一些为人处世的道理：低姿态是保全自我的万世之规。所谓“低姿态”，即我们在社会交往中所表现出的平和、谦逊、圆融及忍让等言行和情态。有些时候，这种低姿态对于保护自我及既得利益不受损失是必不可少的。

三国时期曹操的著名谋士荀攸，智慧超人，谋略过人，他辅佐曹操征张绣、擒吕布、战袁绍、定乌桓，为曹氏集团统一北方、建立功业，做出了重要的贡献。他在朝二十余年，能够从容自如地处理政治旋涡中的复杂关系，在极其残酷的人事倾轧中，始终立于不败之地，就在于他能谨以安身，避招风雨。曹操有一段话形象而又精辟地反映了荀攸的这一特别的谋略：“公达外愚内智，外怯内勇，外弱内强，不伐善，无施劳，智可及，愚不可及，虽颜子、宁武不能过也。”可见荀攸平时十分注意周围的环境，对内对外，对敌对己，迥然不同。参与军机，他智慧过人，连出妙策；迎战敌军，他奋勇当先，不屈不挠。但对曹操、对同僚，却不争高下，表现得总是很谦卑、文弱、愚钝、怯懦。

他为曹操“前后凡划奇策十二”，史家称赞他是“张良、陈平第二”，但他本人对自己的卓著功勋却是守口如瓶，讳莫如深，从不对他人说起。

有一次，荀攸的姑表兄弟曾问及他当年为曹操谋取袁绍冀州的情况，他极力否认自己的谋略贡献，说自己什么也没有做。

荀攸与曹操相处二十余年，关系融洽，深受宠信，但却从来不见有人到曹操处进谗言加害于他，他也没有一处得罪过曹操，使曹操不悦。建安十九年（214），荀攸在从征途中善终而死，曹操知道后痛哭流涕，说：“孤与荀公达周游二十余年，无毫毛可非者。”并赞誉他为谦虚的君子和完美的贤人。这都是荀攸懂得收敛锋芒、低调处世的结果。

如此说来，“低”人一等不是胆小怕事，不是一味地投降主义和逃跑主义，也不是放弃自己的原则和尊严，而是更大意义上的宽容、气度和胸怀。为的是让自己远离更大的灾祸，在保全自己的大前提下，施展自己的才华。

低姿态为人，更是一种处世哲学，藏万丈雄心于肺腑之间，纳恢宏气度于平和之表，遇到忤逆不怒形于色，遭受鄙弃不暴跳如雷，是自我保护的大智慧。同时，这种气度和胸怀又像一个安全气囊，在真正的撞击来临时，能够减轻撞击带来的伤害，让你能在很大程度上有生还的机会。

几千年前，老子就曾说过：“不自露，故明；不自是，故彰；不自夸，故有功；不自矜，故长。”这句话的大意是，一个人不自我表现，反而显得与众不同；一个不自以为是的人，会超出众人；一个不自夸的人会赢得成功；一个不自负的人会不断进步。做人也要谨记这一点，藏巧于拙才乃真君子。

## 9、最难念的字莫过于“不”字

行走于社会免不了会碰到别人请我们帮忙的时候，有些事是我们力所能及愿意去做的，有些事是我们不愿意做的，有些事是我们没有能力做的。

在很多情况下，我们在面对别人的请求时出于一种“不好意思拒绝”的心理，半推半就地答应了，结果是自己心不甘情不愿地成全了一些本来就可有可无的请求。

更不好的结果的是，一旦事情没办好，对方多会埋怨，自己费力还不讨好，真是得不偿失。

所以，那些我们没有把握能做好的事情，最好还是拒绝为妙。然而，拒绝别人可不是件容易的事，尤其是对那些热心肠的人来说，世界最难念的字莫过于“不”字。

拒绝别人需要一份勇气，也需要一份智慧。

首先，我们必须摆正自己的心态，没有必要给自己制造压力。要明白，在生活中说“不”是不可避免的。说“不”并不是一种反抗，而是一种自由权。

若我们能想得更远，便会更易下决心。应做才做和能做就做，而不会因一时心软而自寻烦恼，更不必为这次的不忍或轻率承诺而付出更大的代价。不要为了讨好别人而委屈了自己，有时候，你越是想讨好所有人，可能最后一个好也讨好不了，因为人的精力、时间、财力都是有限的，不可能处处顾及周详，与其受累受埋怨，还不如一开始就拒绝。

拒绝作为一种社交手段，和赞美一样，也是一种艺术，也有它的技巧。直接地对对方生硬地说“不”可不是最佳方案，如果能为拒绝穿一件漂亮的外衣就能避免双方尴尬，也会减少得罪人的概率。不妨尝试以下几种实用的方式。

第一，降低对方对你的期望。

大凡来求你办事的人，都是相信你能解决这个问题，对你抱有很高的期望值。一般来说，对你抱有的期望越高，要拒绝也就越难。在拒绝对方时，倘若多讲自己的长处，或过分夸耀自己，就会在无意中抬高了对方的期望，增大了拒绝的难度。如果适当地讲一讲自己的短处，降低对方的期望，在此基础上，抓住适当的机会多讲别人的长处，就能把对方的求助目标自然地转移过去。

第二，说明自己的处境让对方换位思考。

一个人有事求别人帮忙时，总是希望别人能满足自己的要求，却往往不考虑给他人带来的麻烦和风险。

如果实事求是地讲清利害关系和可能产生的不良后果，把对方也拉进来，共同承担风险，即让对方设身处地去判断。这样会使提出要求的人望而止步，放弃自己的要求。

第三，替对方着想。

前段时间朋友推荐我看一个小品——《情感快递》。它主要讲一对夫妻感情出现危机，两个人分居，一个住楼上，一个住楼下，正在闹离婚，两人通过热心的快递员进行传话，修复了彼此的关系。

这对夫妻矛盾的焦点在哪里呢？妻子嫌弃丈夫会打呼噜，不帮忙做家务，丈夫则认为妻子太作，三天两头跟他胡闹，弄得他不得安宁。这跟大多数夫妻矛盾没什么两样。

故事中，女人委屈又愤怒地让快递小哥发一份 MTV 格式的快递给丈夫："咱俩结婚十年，你挑战了我十年，我哪次说话你听过，哪次说话你信过，我哪次说话你走过心，还有我跟你说过一万遍，我不爱喝露露，我不爱吃梨，我不爱喝露露，我不爱吃梨，我不爱喝，我不爱吃梨。这两样你能不能记住，能不能！"

丈夫爱吃梨，于是一直给妻子买梨吃，妻子爱吃枣，于是一直给丈夫买枣吃。这才是这对夫妻发生矛盾的根本原因，他们给予对方的东西，不仅不是对方想要的，甚至还让对方深恶痛绝。

快递小哥为了修复他们的关系，讲了一个老掉牙的故事："有这么一对老夫妻，在一块生活了六十年，老两口特别爱吃鱼，老头给老太太夹了一辈子鱼尾，老太太给老头夹了一辈子鱼头。有一天呢，他俩就约定好，说这回谁也不给谁夹，自己吃自己的，鱼做好了。老头上去把鱼尾巴夹到自己碗里，而老太太则夹了鱼头。两人是边吃边笑，其实老太太一直爱吃鱼头，但却吃了一辈子鱼尾巴，而老头爱吃鱼尾巴，但却吃了一辈子鱼头。就这样两人生活了六十年，忍让了六十年，这是什么啊，这是爱！两人都把自己最爱的东西让给对方。哥，姐这不像你俩一样，我姐爱吃枣，我哥爱吃梨……"

在快递员讲这一段话时，配上了非常煽情的背景音乐，小品以这对夫妻重归于好，相互依偎着，妻子吃着丈夫爱吃的梨，丈夫吃着妻子爱吃的枣而结束。

为什么要花这么多文字描述这个小品呢？不是对这个小品有多欣赏，恰恰相反，是想要批评这个小品传递了一种关于爱的错误观念，而很多人正在用这样错误的观念经营着亲密关系。

这个小品让我看到人们是如何定义“爱”的，并且这个关于“爱”的定义是如何破坏了原本美好的关系。妻子爱吃鱼头，却因为伴侣吃了一辈子的鱼尾，丈夫爱吃鱼尾，但却因为伴侣吃了一辈子鱼头。厌恶吃梨的妻子因为丈夫吃了十年的梨，不喜欢吃枣的丈夫因为妻子吃了十年的枣。这哪里叫“爱”，这简直就是人间悲剧，而且是自己制造的悲剧啊！如果这叫“爱”，只能说这是愚蠢的爱！

无论故事里的内容换成鱼、梨，还是菠菜，其实本质都是一样的，即我们对伴侣的付出并不是他真正想要的。

第四，用幽默风趣的语言谈论道理。

国学大师钱钟书先生很讨厌炒作，在他的《围城》出版后，许多媒体记者想采访他，钱先生实在没有办法了，只好以幽默的语言拒绝他们说：“假如你吃了一个鸡蛋觉得不错，你认为有必要非要认识一下那只下蛋的母鸡吗？”

风趣的比喻终于使对方在愉悦之中欣然接受了婉拒。

总之，该说不时要说不！学会拒绝，能让我们更坦率，更忠于自己，不必为他人之愿所累。伏尔泰曾经说过，当别人坦率的时候，你也应该坦率，你不必为别人的晚餐付账，不必为别人的无病呻吟弹泪，你应该坦率地告诉每一个使你陷入一种不情愿、又不得已的难局中的人。

从某种角度上来说，拒绝对方，是“利人利己”的事。正如一位哲人所说：“当你拒绝不了无理要求时，其实你害了别人，也害了自己。”所谓害人是指助长了他的惰性，害己则是说违心地做自己不想做的事情会让自己心里很不舒服，甚至会后悔莫及。

## 10、幽默是一种最具普遍意义的传递艺术

美国一位心理学家说过："幽默是一种最有趣、最有感染力、最具有普遍意义的传递艺术。"幽默的语言，能使社交气氛轻松、融洽，利于交流。人们常有这样的体会，疲劳的旅途上，焦急的等待中，一句幽默话，一个风趣故事，不仅能带给别人快乐，更能让自己疲劳顿消，笑逐颜开。

在人际交往中，我们不难发现，有幽默感的人不管在哪里都会受欢迎，因为人们总是可以从那些幽默的话语中得到放松和快乐。最明显的是，在餐桌上，在聚会中，有幽默感的人可以带动全场的气氛，让人们真正能感到用餐愉快。还有一种常见的情况是，我们总是喜欢听一些"名嘴"说话，并不是因为讲的内容有多不同凡响，主要是因为他们的幽默，能让听者笑声连连，也是这种幽默的魅力使许多人成了他们的忠实"粉丝"。

可见，幽默作为"漂亮话"的一种，有着很大的力量。

有幽默感的人可以为自己创造魅力，而这种魅力正是你的无形资产。

有位名人说过："幽默是一种看待万事万物都显得'新奇有趣'的生活态度。"幽默更是成熟睿智的最佳表现。

首先，幽默可以避免自己尴尬，是最敏捷的沟通感情的方式，它能迅速融洽气氛，摆脱尴尬。

杰出的英国戏剧家萧伯纳的名字几乎成为幽默的同义语了。一天，年迈的萧伯纳在街头被一个骑自行车的人撞倒，虽然没有发生事故，但这一惊吓也非同小可。那个人立即扶起戏剧家，并讷讷地向他道歉。然而，萧伯纳打断了他，对他说："不，先生，您比我更不幸，要是您再加点劲儿，那就可以作为撞死萧伯纳的好汉而名垂史册啦！"萧

伯纳的这句幽默话使双方都摆脱了窘境。

其次，幽默可以使人在受气时，以轻松诙谐的方式，理智地回击对方，达到讽刺的目的。

人们在受到不公正待遇时往往会因愤怒而失去理智，反击方式通常也是硬邦邦地出言不逊，结果没解决问题不说，还使僵局更僵了。

而幽默就能够以巧妙的语言体面地给对方以反击，收到不会让局面变得更糟又恰如其分地反击的双重效果。

有位作家到一家杂志社去领取应付未付的稿费。

可是出纳却对他说："很抱歉，先生。支票已开好了，但是经理没有签字，所以今天领不到钱。"

"他为什么不签字？这是早就该付的款！"作家有些生气。

"他因为脚跌伤了，躺在床上。"

"啊！看来是没办法了，我真希望他的脚早点好。这样我就能目睹他是用哪只脚签字了！"

这位作家幽默的高明之处在于没有直接说出他的那条推诿理由是荒谬的，是缺乏说服力的，而是顺着对方的话，将理由按惯性思维发展下去，让对方清楚地感到自己的愤慨，并让他哑口无言。

再次，幽默能摆脱困境，消除烦恼。一个人的语言可以像优美的歌曲，也可以像伤人的利剑。幽默机智的话能使人产生喜悦满足之感，令人久久难忘。

美国小说家马克·吐温的机智幽默，同他的小说一样享有盛名。有一次，他去一个小城，临行前别人告诉他，那里的蚊子特别厉害。到了那个小城，正当他在旅店登记房间时，一只蚊子正好在马克·吐温眼前盘旋。

那个职员面露尴尬之色，忙驱赶蚊子。马克·吐温却满不在乎地对职员说："贵地的蚊子比传说中的不知聪明多少倍。它竟会预先看好我的房间号码，以便夜晚光顾，饱餐一顿。"大家听了不禁哈哈大笑。结果这一夜马克·吐温睡得十分香甜。原来，旅馆全体职员齐出动，想方设法不让这位博得众人喜爱的作家被“聪明的蚊子”叮咬。

最后，幽默可以化冲突为喜悦，变危机为幸运。在充满火药味的场合，也可以成为最佳的缓和剂，帮助你摆脱困境。

保罗·纽曼是美国著名的影星，他凭借精湛的演技和叛逆的形象，成为好莱坞最受瞩目的男演员。

1982年，他在纽约布鲁克林大学新设电影系之际，特地访问该校，同时主持了新片《恶意的缺席》的试映会，还参加学生的座谈。

其间的气氛一直不错，直到有一位学生很不满意地说：“我从收音机中听到这部电影的广告，最后一场是拼得你死我活的枪战场面，可是实际上，片尾非常平静和平，像这种虚伪的广告宣传实在让人难以接受。”

学生的话让现场的气氛顿时变得十分紧张。众人把目光都集中到了保罗·纽曼身上，这时，他回答说：“我完全不知道广播电台的广告内容。不过，下一次的片尾一定会出现激烈的射杀场面。镜头上出现的是，我用枪打死了那位收音机播音员。”

他幽默的回答引起了哄堂大笑，化解了紧张的气氛，赢得了影迷的爱戴。

总之，幽默的好处多多，能缓解紧张气氛，消除疲劳，使人际交往更加和谐；化危机为转机，突破困境、反败为胜……具有愉悦、美感、批评、教益、讽刺等作用，幽默用在合适的场合，不仅能帮助人们应付各种矛盾和尴尬，而且能够体现一个人的豁然大度，让人们的语言充满了智慧。一句得体的幽默会消除一场误会，一句巧妙的幽默言辞能胜过好多句平淡无味的攀谈。

由此可见，幽默不仅反映出一个人随和的个性，还显示了一个人的智慧以及随机应变的能力。

但需要注意的是，幽默既不是毫无意义的插科打诨，也不是没有分寸地卖关子、耍嘴皮子。幽默要在入情入理之中，引人发笑，给人启迪，这需要一定的素质和修养。

幽默是一种健康的品质，也是现代人应该具备的素质，每个人都应该具备这一品质。可是，不会幽默、不懂幽默者大有人在。有人说，幽默只可意会不可言传；也有人说，幽默是天生的，不会幽默的人任你怎么教也不会。幽默确实需要天分，但后天的训练也同样重要。许多幽默大师也都是后天“自悟成才”的。所以，只要你有心学习幽默，掌握一定的技巧，一定也能成为一个幽默的人。

那么，应当怎样培养自己幽默谈吐的能力呢？首先，要有渊博的知识和宽阔的胸怀，对生活充满信心与热情。其次，要有高尚的情趣、丰富的想象力、开朗乐观的性格，才能成为幽默风趣、自然洒脱的人。第三，要善于模仿，多看一些幽默的段子会在你心里留下印象，多多模仿名人，模仿得多了，这些幽默的话就会在你需要的时候出现在你的嘴边。

具体来说，幽默还有一些技巧，这里介绍一些常见的方法。

**偷换概念**

有个人很喜欢艺术，却不愿意在此事上多花钱，平时只是去画廊看看从不买东西。她还振振有词地说，对艺术的美仅限于欣赏。那天她在画廊一边欣赏一幅油画，一边坐下来夸赞道：“多么漂亮的色彩啊！多么不凡的天才之作！”她悄声对站在旁边的画家说：“我真希望能够把这些奇异的色彩带回家。”“你会如愿以偿的，”画家答道，“你正坐在我的调色板上。”

**极度夸张**

运用夸张的方法来表现幽默，效果也非常鲜明。有这样一则故事，房客对店主说：“昨晚我睡不着，太冷了，窗上有洞，房间里只有一点光，我实在睡不着。”店主奇怪地问：“那你为什么不把蜡烛吹灭呢？”房客说：“吹不灭的，因为那球形的火焰结冰了。”在这个故事中，房客运用夸张式的幽默语言，既巧妙地批评了旅店太冷，又避免了与店主正面发生冲突。

**正话反说**

一个人家的房屋漏雨，几次请求修缮都没有结果。一天，单位领导视察民情，问及他的房子一事。人们以为他会大诉其苦，却没想到他微微一笑说："还好吧，也不是经常漏，只是下雨时才漏。"妙语博得领导一阵大笑。几天后，修缮房屋问题妥善解决。

**以毒攻毒**

有一天，一个高傲的旅行家有意奚落德国著名诗人海涅说："我去过一个小岛，那里真是人间仙境，岛上没有半个犹太人和驴子！"

海涅当然知道这是在讽刺他，但他并没有动怒，反而笑着回道："看来，只有我们两个一起去那个岛上，才能弥补这个缺陷！"

**歪解其意**

抗日战争胜利之后，张大千要从上海返回四川老家。梅兰芳等好友设宴为他饯行，宴会刚开始，大家请张大千坐首座。张大千却说："梅先生是君子，应坐在首座，我是小人，应陪末座。"大家都不解其意。张大千说："有句话说'君子动口，小人动手'。梅先生唱戏动口，我作画是动手，我应该请梅先生坐首座。"满堂来宾拍手称赞，并深深为张大千先生不计世俗名位的豁达胸怀所折服，更生敬仰之心。

**妙用谐音**

借助同音字的谐音关系，也可用来表现幽默。例如，有个男孩爱慕一个女孩很久了。终于有一天，他决定对心仪的女孩子表白了，他问她："你喜欢什么样的男孩？"女孩想了想说："我喜欢投缘的。"男孩故意叹了口气说："一定要头圆吗？稍微有点方不行吗？"

**词语别解**

在公共汽车上，因突然刹车，一位男青年无意中撞了一位女士，女士愤恨地说：“德行！”众人都将目光聚到了男青年身上，只见男青年一本正经地说了一句话：“不好意思小姐，不是德行，是惯性。”车上的人顿时哄然大笑，女士也笑了，男青年于是表示了歉意，车上紧张的气氛也随之消失了。

有人说，幽默感好比是土壤，幽默技巧好比是种子，种子只有种到土壤里才能发芽、开花、结果。相信只要你虚心学习，把幽默当成一种习惯，那么幽默就会成为你性格中的一部分，你也就成了幽默高手了。

上面列举的只是几种常用的方法。在实际运用时，应因人、因时、因情、因境而异，要知道，幽默只是手段，并不是目的。不能为幽默而幽默，一定要根据具体的语境，适当选用幽默话语，方能不落俗套，为人们所喜闻乐见。

## 11、沉默是信奉真理者的精神训练之一

有人说，一切伟大的诞生都是在沉默中孕育的。智者们都从沉默中得到了好处，只有他们理解沉默的价值。

所以，甘地说：“沉默是信奉真理者的精神训练之一。”

吉辛说：“人世愈来愈吵闹，我不愿在增长着的喧嚣中加上一份，单凭了我的沉默，我也向一切人奉献了一种好处。”

生活中，有许多人以为只有高声叫卖学问见识才是进取之道，他们对沉默不以为然，不屑一顾。

有内涵的人绝不会像暴发户一样轻易炫耀自己的聪明，在没有必要的情况下，他们宁可一言不发。结果，他们在沉默中获得了更大的价值。

首先，沉默是自我保护的有效方式。

天主教罗马教皇约翰·保罗二世曾任命了一个御用裁缝，他的名

字叫拉涅罗·曼奇内利。当人们知道教皇身上那做工考究的长袍都是出自他的手时，对他充满了敬意。

其实，拉涅罗·曼奇内利不光手艺高超，为人也谦恭严谨，颇受教皇和红衣主教们的青睐。与新被任命的红衣主教们相比，他与教皇更熟。他常被召到教皇的私人寓所为其量体裁衣，而耶稣圣像所穿的黑袍也是出自他的巧手。

不过，曼奇内利却并没有因为认识众多的宗教名人而洋洋得意，他的言行相当谨慎，从不透露任何有关教皇和红衣主教的事情。教皇一件白色长袍的价钱以及制作细节，从他嘴里根本问不出来。他守口如瓶，绝不把听来的主教们的议论透露给外界，正是慎言使他赢得了教皇和主教们的信赖。

他唯一的谈话就是自己多年来在裁剪上的心得，他认为自己能够发现客人体形上的不足，并想办法为他们弥补。比如，为一个略微驼背的人设计长袍，衣服的后襟就要稍长，前襟稍短，这样可令穿衣人看起来更挺拔。有人就此判断那个穿衣人是教皇本人，但曼奇内利拒绝证实。

俗话说，祸从口出，就在你夸夸其谈之际，已经为那个一直在暗中与你较劲的人留下了一些把柄，为那个听了你某句话不舒服的人进行报复埋下了伏笔。所以古人说："沉默是金。"很多时候不说话就是最聪明的选择。

其次，沉默是最厉害的武器之一。

在与人交谈时，你说得越多，对自己的喜好或其他方面的特点暴露出来的就越多，对方掌握你的信息就会越多，就越容易做到"知己知彼"；相反，当你保持沉默时，对方由于不知道你的底牌而感到无穷的压力，这时，他的意志将受到动摇甚至不战自溃。比如，那些高明的谈判者都善于运用沉默来使结果变得对自己有利。他们深知，大多数人总是讨厌沉默，而试图以语言或其他信息来填补它——这正有可利用之处。于是，谈判劣手们往往缺乏沉默的耐力，忍不住以额外的细节、争辩或游说来填补这难堪的沉寂。如此一来，顿使自己处于劣势。

孔子说："多闻阙疑，慎言其余，则寡尤。"就是说，虽然博学，仍有不能完全了解之事，说话时言语要恰到好处，不可多说，多则不免有失。做人要少说多听，带着耳朵参与讨论，比带着嘴巴滔滔不绝要更得人心，更容易在人际关系中进退自如，赢得他人的喜爱。

# 第三章　人生沉浮

## ——博弈于取舍之间

人生苦短，欲望永远无边，放纵欲望就会招来无穷的灾难。不要让过分膨胀的欲望侵蚀我们的灵魂，进而消耗我们宝贵的生命。只有懂得取舍，我们才能领略到生活中独特而简单的美好。

### 1、内心不能清净源于物欲太盛

法国杰出的启蒙思想家卢梭认为，现代的人物欲太盛，他说："10 岁时被糖果，20 岁被恋人，30 岁被快乐，40 岁被野心，50 岁被贪婪所俘虏。人到什么时候才能只追求睿智呢？"可见，内心不能清净是物欲太盛所导致的。

人生在世，不是说不能有欲望，欲望在一定程度上是促进社会发展和自我实现的动力。可是，除了生存的欲望以外，要有节制地预防其他欲望的侵害，时常提醒自己，要淡泊明志，只有内心干净，才不至于腐化变质。

但是现实生活中，很多人的欲望无边无际，物欲、情欲、权欲、金钱欲……

他们为了满足这些生不带来、死不带去的形形色色的永远也无法填满的欲望尔虞我诈、贪污受贿，或活得相当累，他们成了欲望的奴隶。

一个沿街流浪的乞丐，每天总在想，假如我手头要有两元钱，我就不再有别的想法了。

一天，这个乞丐无意中发现了一只跑丢了的很可爱的小狗，乞丐发现四周没人，便把狗抱回了他住的窑洞里，拴了起来。让人没有想到的是，这只狗的主人是该市有名的大富翁。这位富翁丢狗后十分着急，因为这是一只纯正的进口名犬。于是，就在当地电视台发了一则寻狗启事：如有拾到者请速还，并付酬金两万元。第二天，乞丐沿街行乞时，看到这则启事，便迫不及待地抱着小狗，准备去领那两万元酬金，可当他匆匆忙忙抱着狗又路过贴启事处时，发现启事上的酬金已变成了三万元。

原来，大富翁寻狗不着，很着急，又打电话通知电视台，把酬金提高到了三万元。

乞丐似乎不敢相信自己的眼睛，向前走的脚步突然间停了下来，想了想又转身将狗抱回了窑洞，重新拴了起来，等待酬金变得更多。第三天，酬金果然又涨了，第四天又涨了，直到第七天，酬金涨到了让市民都感到惊讶时，乞丐这才跑回窑洞去抱狗。可想不到的是那只可爱的小狗已被活活地饿死了，而乞丐当然还是乞丐。

其实人人都有欲望，都想过美满幸福的生活，希望丰衣足食，这是人生存的合理欲求。但是，如果把这种欲望变成不合理的欲求，变成无止境的贪婪，那我们无形之中就成了欲望的奴隶。在欲望的支配下，我们不得不为了权力，为了地位，为了金钱而削尖了脑袋向里钻。我们常常感到自己非常累，但是仍然觉得不满足，因为在我们看来，很多人比自己的生活更富足，很多人的权力比自己大，所以我们别无出路，只能硬着头皮往前冲，在无奈中透支着体力、精力与生命。

民间流传着一首《十不足诗》：

终日奔忙为了饥，才得饱食又思衣。冬穿绫罗夏穿纱，堂前缺少美貌妻。娶下三妻并四妾，又怕无官受人欺。四品三品嫌官小，又想面南做皇帝。一朝登了金銮殿，却慕神仙下象棋。洞宾与他把棋下，又问哪有上天梯。若非此人大限到，上到九天还嫌低。

永不知足是一种病态心理，其病因多是权力、地位、金钱等引发的。这种病态如果发展下去，就是贪得无厌、欲壑难平，其结局是自我毁灭。

其实人生在世，许多美好的东西并不是我们无缘获得，只是我们的期望太高，往往在刚要接近一个目标时，又会突然转向另一个更高的目标。西方一位哲人曾说过这样一句话："人的欲望是座火山，如不控制就会害人伤己。"

我们很多人就是过多地考虑利害得失，结果总是跟在欲望后面跑来跑去，两手空空地走完了自己的一生。知足者能够认识到无止境的欲望带来的痛苦。不知足者由于欲望太强了，而其能力又有限，这样必然会导致可怕的后果。

伊索说过："许多人想得到更多的东西，却把现在拥有的也失去了。"这可以说是对得不偿失最好的诠释了。人生太多的沮丧都是因为得不到想要的东西。

欲望是无止境的，我们有太多的需求，面对着太多的诱惑。然而，在我们满足欲望的同时，也可能会迷失自己，并产生一种错觉，认为财富和地位就代表了一切。可是当一切都失去的时候，我们就会就会感觉张皇失措，无所依靠。

托尔斯泰曾经说过，欲望越小，人生就越幸福。人生最大的苦恼，不在于自己拥有的太少，而在于自己向往的太多。向往本身不是坏事，但向往得太多，而自己的能力又达不到，就会构成长久的失望与不满。

因此，不管我们做什么，都要适可而止，把握有度。能力所及的事，不要过于强求自己，放弃那些无止境的沉重的欲望，这样才不会徒增烦恼与压力，才能轻松享受生活，稳步取得成功。

人应该追求美好而合理的欲望，但是一定要控制和把握好度，适可而止，不可无边无际，只有这样，方能获得快乐的人生。

## 2. 适合自己的才是最有价值的

目标是一种方向，需要我们恰当地选择。假如一个目标发生了问题，应当更换另一个目标，这样才能确定自己的强项，才能把事情做好，因为不管什么只有合适的才是最好的，目标同样也不例外。

从小到大，比特做什么事都要比别的孩子慢半拍，同学讥笑他笨，老师也说他不努力，他曾试图去做好、去改变自己，然而却始终做不好。直到比特上了九年级后，才被医生诊断出患有动作障碍症。高中毕业后，比特申请了十所很普通的学校，心想无论如何也会有一所学校录取他。可直到最后，他连一份录取通知书也没有收到。

后来，比特看到一个广告，上面写着："只要交 250 美元，保证可以被一所大学录取。"结果他付了 250 美元，有一所大学真的给他寄来了录取通知书。看到这所大学的名字，比特即刻想起了几年前，在一份报纸上看到报道有关这个大学的文章："这是一所没有不及格的学校，只要学生的爸爸有钱，没有不被录取的。"当时比特只有一个信念：我要用自己的成就去证实我的学校也有优秀人才。

在这个大学毕业后，他进入了房地产行业。22 岁时，他开了一家属于自己的房地产公司。此后，在美国的四个州，他建造了近一万幢公寓，拥有 900 家连锁店，资产数亿美元。后来，比特又进入到银行业，做起了大总裁。

比特是一个笨孩子，他是怎么走向成功的呢？比特自己讲述了以下三点：

"第一，每个人都有自己最强的一项，有的人会写，有的人会算，对有些人难的事情，对另一些人却很简单很容易。我想强调的是，一定要做最适合自己的事情，不要为迎合别人的口味而去做一件不属于自我，但是又要付出巨大代价的难事。"

“第二，我非常幸运自己有如此谅解我、对我容忍又有耐心的父母，如果有一个考题，别人只花 15 分钟，而我必须用两个小时完成的时候，我的父母从来不会因此而打击我。对于我的父母来说，只要自己的儿子尽力而为，他们就已经达到目的。”

“第三，我从不跟自己的同班同学竞争，如果我的同学又高又大，跑得很快，而我又小又矮，为什么一定要跟他们比呢？知道自己在哪里可以停止，这非常重要。我也曾经问过自己千百次，为什么别人可以学习得轻松？为什么我永远回答不了问题？为什么我总要不及格？当知道自己的病症以后，我得到了专业人士的关爱和解释，理解自己和理解别人，非常重要。”

一些聪明的人，如果没有遇到合适自己的工作，可能不会成功；一些笨拙的人，如果遇到自己合适的工作，也可能会成功。所以从某种意义上说，工作没有高尚与低贱之分，关键是看是否适合自己。比如数学家陈景润，可以攻破世界难题——证明哥德巴赫猜想，摘取数学“皇冠上的明珠”，但是据说由于性格原因，他做不好一个数学教师，这不代表能力问题，而是这种工作不适合他自己。只有适合自己，才能做出成就。

如果我们长期从事一种工作，但仍然看不到一点点进步，一点点成功的希望，那么就应该反思一下：从自己的兴趣、目标、能力来说，自己究竟是否走错了路？如果走错了，就及时回头，去寻找适合自己、更有希望的工作。

因此，我们在制定目标计划，设定理想的时候，都需要考虑是否适合自己，如果一味地追求过高，和别人盲目攀比，不顾自己的兴趣、优势，那么以后的努力也将收效甚微，甚至是南辕北辙。

一条乡村的小路上，有一眼清澈的山泉。村里的人上街或者走亲戚，路过山泉总会停下来，蹲在泉眼边喝水解渴。这里放着一个残破的半边碗，是用来让过路人在泉眼里舀水喝的。

以前，泉眼边连半边碗也没有，人们就用手捧水喝，或用树叶折叠成碗状舀水喝。山泉边有些树木和花草，风景宜人，过路人如果时间不紧，还可以在泉边喝水、歇息，欣赏风景，等到养足了精神，才往前赶路。至于那个半边碗，当时人们感觉不出它的美和丑，脑海里也留不下什么印象。

只是有一天，一只非常漂亮的瓷碗的出现和丢失，才让人们对那半边碗产生了许多的联想和感慨。不知什么时候，一只漂亮的瓷碗不声不响地在山泉边留下了，代替了那个曾经使用多年的半边碗。但大家都知道，是因为泉水太甘甜，泉边的风景太美丽，便有人认为那个半边碗与泉水和泉水边的风景不相匹配，认为换上好的瓷碗后，泉水边会更加有情趣。

然而，让人想不到的是，没过几天时间，那只漂亮的瓷碗不翼而飞。好碗丢失了，半边碗又被扔掉了，人们又只好用树叶或用手捧水喝，相当不习惯。所以，又有人买来一只好瓷碗，放到了泉水边。这只瓷碗的命运，与前一只瓷碗的命运没有两样，时间不长，好瓷碗再次丢失。

这时候，人们才意识到，半边碗除了在山泉边上有用，在其他地方是没有用处的，而漂亮的瓷碗，它放在哪里都能产生价值和作用。人们对瓷碗的丢失也不再大惊小怪。只不过，瓷碗丢失了，扔在了一边的半边碗，只有再去捡回来，让它重新回到原来的位置。人们都清楚了，再买好碗放在泉眼边，已经没有必要，因为它的美好最后只会给路人带来更大的不便。而那重新捡回来的半边碗，却可以一直用下去，让路人在欣赏美景的同时，也享受到了实用的价值。

很多时候，好东西不一定适合，而适合的也不一定就是好东西。不仅是理想、事业、工作，我们要选择适合自己的，其实生活的其他方面也一样，只有适合自己的才是最好的。

比如对于服饰外貌，我们也不可一味地追求豪华高档、名牌时尚，只要穿出我们自己的个性就可以了。追求时尚在一定意义上也是一种模仿，它同样会让人失去个性。婚姻也是如此，它就像一双鞋子，合不合脚只有自己知道，很多在别人眼里是“男才女貌”的组合，最终却劳燕分飞，而许多别人不看好的一对，却可以白头偕老。所以我们不能随波逐流，不必在意别人的评价和议论，只要是适合自己的，对自己来说就是最好的。

爱默生在一篇评论自信的文章中这样写道：“要成为一名顶天立地的男子汉，就不能随波逐流。”成为自己想成为的人，做自己认为对的事，无论结果如何，都会获得一种无与伦比的成就感。

每个人在攀登人生顶峰的旅途中，可以听取别人的意见，接受别人的帮助，如果过多在意别人的意见，没有了自己的主见，必将陷入随波逐流的行列，自己不能把握人生的方向，更不必说获得幸福快乐的生活。

一定要记住，适合自己的才是最好的，放弃人云亦云，否则，我们不但会在左右摇摆、不知所往中身心疲惫，失去许多的宝贵机会，甚至还会失去自我。

放弃不必在意的言论，放弃不适合自己的一切，选择适合自己的，喜欢适合自己的，我们的生活才会更加快乐，我们的人生才会更加充实。

聪明的人，如果没有做适合自己的事情，也不会取得成功；笨拙的人，如果能全面地了解自己并能去做适合自己的事情，也会取得成功。其实，对任何人来说，只要是适合的，就可以说是最好的。

## 3、生命之舟需要减负

如果行李太多，生命之舟将不堪重负，甚至有翻船的危险。卸下不必要的行李，轻装上阵，我们才能快速顺利到达成功的彼岸。

一叶飘摇的生命之舟，从时空的长河中缓缓驶向前方。

一个刚刚诞生的生命，他不会说，不会笑，不会跳，不会闹，也不会思考，他只是沉睡着，远处传来一个声音：“你从何处来，要到何处去？”

刚刚诞生的小生命也重复道："我从何处来，要到何处去？"

生命之舟在时空的长河中默默而又轻松地前行。忽然，又传来一个声音："等一等！我们想与你一同旅行，请载我们同去！"向着声音传来的方向看去，只见痛苦与欢乐、爱与恨、善与恶、得与失、成功与失败、聪明与愚钝，一起手拉着手向生命之舟游来。

痛苦从左边上了船，欢乐从右边上了船；爱从左边上了船，恨从右边上了船……待这些人生的伴侣都进到了船舱，这个飘摇的生命之舟顿时沉重了许多，舱中的气氛顿时也活跃起来，哭声和笑声接连不断从舱中传出来。

忽然，又有喊声传来："等一等！等一等！还有我们。"循着声音，只见清醒与糊涂、路人与朋友双双携手游来。清醒从左边上了船，糊涂从右面上了船。路人从左边上了船，朋友从右面上了船。

这艘生命之舟有了充实的欢笑，但是也充斥了烦恼，它变得越来越沉重，行动也逐渐迟缓，几个大浪过后，它差一点儿就被掀翻。这时候，又有一个声音传来："等一等我，别忘了我！我一直在追随着你啊！"这是死亡的呼喊。生命之舟摇摇晃晃地逃走了，死亡紧紧地在后面追赶着。

就在死亡要追上生命之舟时，烦恼被抛了下来，生命之舟速度加快了，不一会儿，失败也被抛了下来，生命之舟越来越快，离死亡也越来越远。

生命之舟载不动太多的东西，要想使船在抵达彼岸时不在中途搁浅或者沉没，就必须轻载，只取必要的东西，把不该要的统统搁下。

有一个寡妇，为了抚养小儿，辛辛苦苦地教书赚钱。儿子长大成人后，又被送到美国留学。完成学业后，儿子留在国外上班、买房子，也在国外娶妻生子，建立了美满家庭。

寡妇为此欣慰不已，盘算着退休后，带着退休金前往美国与儿子一家人团圆。每天早晨可以到公园散步，也可以在家享受晚年含饴弄孙之乐。

于是，她在距离退休不到 3 个月的时候，给儿子写了一封信，告诉他她就要飞往美国和他们一家团聚。信寄出后，她一面等待儿子的回音，一面把产业、事务逐一处理。

不久，她接到儿子从美国寄来的一封回信。信一打开，有一张支票掉落下来。她捡起来一看，是一张 3 万美元的支票。她觉得很奇怪，儿子从来不寄钱给她，而且自己就要到美国去了，怎么还寄支票来？莫非是要给她买机票用的？她心中涌上一丝喜悦，赶紧去读信。只见信上写道："妈妈！我们经过讨论的结果，还是决定不欢迎你来美国同住。如果你认为你对我有养育之恩，以市价计算，约为 2 万多美元，现在我添了些，寄上一张 3 万美元的支票给你，希望你以后不要再写信来打扰我们。"

母亲的一颗心由欣喜的巅峰，坠入了痛苦的谷底。自己辛辛苦苦地抚养儿子，就换来了如此的忘恩负义。她老泪纵横，只觉得一生守寡，从此老年凄凉，如风中残烛，她有些难以接受这个事实。

她心情沉重，几乎难以自拔。一天下来，她就苍老了很多。她望着红彤彤的夕阳，忽然有所觉悟。她想，自己一生劳碌，没有一天轻松地生活，而退休后，将无事一身轻，何不出去透透气？很快，她就振作起来，为自己规划一趟环游世界之旅。

在旅行中，她见到大地之美，看到各国不同的民情，于是她又寄了一封信给她的儿子。信上写道："你要我别再写信给你，那么这封信就当作是以前所写的信的补充文字好了。我收到了你寄来的支票，并用这张支票规划了一次成功的世界之旅。在旅行中，我忽然觉悟。我非常感谢你，感谢你让我懂得放宽自己的胸襟，让我看到天地之大，大自然之美。"

我们经常听到老人因为子女不孝而痛苦不堪的故事，这些子女的行为的确令人发指，但是作为父母，如果看不开，必然心中怒不可遏，一旦怒气难消，必因怨恨攻心而生病。病到后来离世了，也只在当时留下一段人间不平事，几年后烟消云散，谁还会去凭吊这段往事，且早已在世人的健忘中消失，如此，这段往事又有什么意义可言？反过来我们再看看故事中的这个老妇人，她是多么的明智，生命之舟已然负重，又何必和自己过不去，让它更加沉重，直至超载？

人生毕竟是一条单行道，永远没有回头的可能，只有朝着前面的路，奋力前行，才不至于辜负了一生。然而，很多人却忽略了一点，总是在寡情中悲伤，在失意中哀叹，使自己平白添了许多心事。人生是不需要太多行李的，背着超负荷的行李上路，重担压弯了肩膀，使自己透不过气来，在人生的路上非但不能加快步伐，反而会越来越吃力。

有人在为房租太贵而烦恼，但是生活在印度加尔各答的街头流浪汉，从来不必为房租问题烦恼，他们生在街头，也死在街头，然而他们要操心的事情，却是晚上睡觉前能否找到一块破布当枕头。知道了这些，你还在为房租烦恼吗？有人的答案是会的，他们知道世界上很多地方还存在这么多的惨状，那里的人们总是被迫默默接受，却还是会因为在某个高雅的餐厅没占到好座位而大发雷霆，为了每个月的收入抱怨不休，因为体重没有减轻而深感懊恼。这不是自寻烦恼吗？

人生本来就是一个背负行李前去旅行的愉快而放松的过程，这就需要你在一个个驿站中一次次卸去人生的旧行李，而后再背起新的行李踏上前方的人生之路。

因此每一次背起行李，都要想想自己此行的目的，放弃那些不必要的行李，让自己轻装上阵，并且让自己在每一次到目的地之后卸下行李，这样人生才不至于太沉重和痛苦。

生命之舟需要轻载，太多的行李不仅使我们筋疲力尽，而且也会使生命之舟不堪重负，甚至有负载沉没的危险。

## 4、列出一个清单，丢掉一些忙碌

在竞争日益激烈的现代社会，生活节奏变得越来越快，每个人活得越来越压抑，越来越没有自己的空间。

我们终日被工作日程表束缚，上面记满了我们每天必须要做的事，它占据了我们生活的中心，而在稍有时间的放松时，又被电视、电影、电脑游戏、健身场所、娱乐中心所淹没，这看似忙碌的生活也掩盖了现代人害怕无聊寂寞的事实，我们几乎没有了独立思考的时间，再也不没心情放假了。

艾琳·詹姆丝曾经是美国倡导简单生活的专家。作为一个作家、投资人和地产投资顾问，在这个领域努力奋斗了十几年后，有一天，她坐在自己的办公桌前，呆呆地望着写满密密麻麻事宜的日程安排表。突然，她意识到自己对这张令人发疯的日程表再也无法忍受下去了。自己的生活已经变得太复杂了，用这么多乱七八糟的东西来塞满自己清醒的每一分钟，这简直就是一种疯狂愚蠢的生活。就在这时，她做出了一个决定：她要开始摒弃那些无谓的忙碌，多给自己的心灵一点时间。

于是，她着手开始列出一个清单，把需要从她的生活中删除的事情都排列出来。然后，她采取了一系列“大胆的”行动。

首先，她取消了所有电话预约。其次，她停止了预订的杂志，并把堆积在桌子上的所有读过、没有读过的杂志全部清理掉。她注销了一些信用卡，以减少每个月收到的账单函件。通过改变日常生活和工作习惯，使得她的房间和庭院的草坪变得更加整洁。她的简化清单总共包括八十多项内容。

艾琳·詹姆丝说：“我们的生活已经变得太复杂了。在我们这个世界的历史进程中，从来没有像我们今天这个时代拥有如此多的东西。这些年来，我们一直被诱导着，使得我们误认为我们能够拥有这一切的东西，我们已经使得自己对尝试新产品都感到厌倦。许多人认为，所有这些东西让他们沉溺其中并且心烦意乱，因为它们已经使得我们失去了创造力。”

因为受习惯的生活方式的影响，你每天有多少活动是不得不勉强去做的？追求舒适的习惯和烦琐的例行公事是否让你的日常生活落入浪费时间、浪费精力的陷阱？其实减少那些程式化的活动，并不会因此减少快乐的机会。

习惯驱使我们去做所有这些日常琐事。我们总是担心如果不去做，就会失去某些东西。

其实，也许我们的确会失去什么东西，但是这没什么不好，我们还是好好地活着。

还不仅仅是活着，而是活得更潇洒了，因为我们再也用不着试图去做所有的事情，看看那些对人类的艺术、音乐、科学领域做出过卓越贡献的人，如毕加索、莫扎特、爱因斯坦，这些人都生活在极为简单的生活之中。

他们全神贯注于自己的主要领域，挖掘内在的创造源泉，因此，获得了丰富精彩的人生。

人生负重有时候是因为我们额外增加了一些不必要的工作，表面上看来，我们是有所追求，是积极向上，但是仔细分析之后就会发现，我们陷入了为忙碌而忙碌的怪圈之中。为了不承担懒惰、消极的恶名，或者为了一些可有可无的消费享受，我们把自己支使得团团转，这实在是一种错误的心态。

忙碌的人们，该清醒一下了，仔细分析一下，就会发现总有些东西需要放下。摒弃那些多余的东西，不要让自己迷失方向，贪婪地占有只会占用大量的时间和精力，而这些时间和精力本来可用于我们真正希望去做的事情上。

伟大的哲学家尼采曾经说：“所有的伟大思想都是在散步中产生的。”生活中一些不起眼的行为就能让你感到轻松舒适，散步就是其中最好、最简单、也是最廉价的一种。

适当的时候，我们需要舍弃一些无谓的忙碌，给自己的心情放个假。当面对工作的负荷，再也无力应战的时候，当遇到烦心事，思绪混乱的时候，不妨给自己一点独立的空间，不妨去公园逛逛，欣赏姹紫嫣红的美景，如茵的绿草地上，嬉戏的顽童一脚把足球踢上天空，这一切让我们的心中充满丝丝绿意，收获一份好心情。这时我们会突然发现：天是那么湛蓝，云也分外洁白，这个世界也真的好美丽，而这时自己也会拥有一份好心情！不妨撑起一把小花伞在雨中漫步，在青石板小巷里欣赏雨中美景，那细雨会把我们的坏心情洗的一尘不染……

舍掉一些无谓的忙碌，时常给自己的心情放个假，不但会使我们疲惫的神经得到适时的放松，也会调剂我们乏味平淡的生活。

## 5、回归简单的自在，才是真正的富足

简单，是一种境界。

或许，简单是性情的一种解脱和淡泊，天生质朴，隐约直白，回归心灵……

在这个五彩缤纷的世界里，许多人心浮气躁，害怕孤独，全然没有简单的耐心，也许还有少数人能超然物外，享受简单的美妙。因为人们普遍认为，简单就是离开了人群脱离了社会，意味着孤独和寂寞，有谁会愿意忍受孤独和寂寞呢？这是人们在常识上犯下的又一个错误。

简单生活到底是怎样的生活？简单生活并不意味着要抛弃洋房、香车，放弃世界旅行，把钱捐给希望工程，然后自己过清苦的日子或者奉行素食主义。

我们现在所要说的“简单”应该是带有后现代意义的。时代的发展和社会的进步是不容否定的，简单生活也不是文化反思所带来的对“苦行僧”似的生活追求。简单生活并非是物质的匮乏，但一定是精神的自在；简单生活也不是无所事事，但一定是心灵的单纯。回归内在的真实，才是真正的富足。

简单生活应该是简单而有意义的生活，和谐、悠闲、幸福。一个流浪汉和一个百万富翁同样可以过简单生活，充分享受人生的乐趣；

一个 8 岁的孩子和一位耄耋老人如果认同简单的做法，他们也同样可以享受生活的乐趣。

“简单”的关键是我们自己的选择和内心感受。就像素食主义只是简单主义者的一种选择，但并非简单生活的目的。

简单，其实是一种全新的哲学。

头上是万里无云的朗朗晴空，手中是沁人心脾的冰镇啤酒。停在这片光秃秃的灼热沙漠上的东一辆西一辆旅宿汽车和拖车的门慢慢推开了，“独身漫游者”俱乐部的一些成员来到这片荒漠享受一个下午的快乐时光。

这数十名俱乐部成员全是头发灰白的老者，而且还都是单身人士。他们聚集在一簇簇风滚草旁开始饮酒、讲故事。这个俱乐部是在西部的高速公路上打发光阴的、人数越来越多的退休者大军中的一支队伍，斯拉布城是他们的最新休憩地点。他们在临时搭起的帐篷上空升起美国国旗，国旗在沙漠的疾风中呼呼作响。

伊尔玛·鲁思和她的两位朋友倚靠在一辆满是泥土的汽车后面。她自豪地说：“我从 1991 年起就成了全职旅游者。这样的生活真自由啊。”她们三个人全都 60 多岁了。

霍西·罗恩插话说：“你会意识到你根本不需要你的那些家当，而且一路上你会有许多新的发现。”

埃尔伍德·威尔逊问道：“你以为我们会愿意整天闲坐着不动吗？”他喝下一大口米尔沃基啤酒后说：“绝非如此。”上年纪了，住进退休者之家，日夜守在电视机旁，周日没完没了地招待儿女和孙辈，谁愿意过这样的日子？他们所向往的是没有尽头的公路，尤其是西部那些一流的高速公路。

漫游在公路上像斯拉布城这样的地方宿营的老年人究竟有多少，没有精确的统计数字。但是研究这种文化现象的学者相信他们的人数在 100 万以上，而且他们的队伍还在迅速扩大。现在已经有了专为以公路为家的老年人服务的医疗保险计划、网址和宿营地。

这都是由于提前退休的人有所增加造成的，医学的进步使更多的老年人健康长寿，有了像佛罗里达公寓一样舒适的新型车辆，把以公路为家变成了一种比较容易适应的全新的生活方式。因此，许多人卖掉房子，把家当存放起来，把终生的储备兑换成金钱，然后告别自己旧有的生活方式。他们乘坐各式各样的车，冬季穿行于西部广袤的沙漠，夏季漫游于太平洋西北沿岸茂密的森林，不断变换方向，开始新的游历目标。

有些人在公路上生活得太久了，以至于对任何其他生活方式都不能接受了。

退休护士佩吉·韦布自五年前和她那退役的丈夫卖掉房子，就一直驾车漫游。一天早上，她一边在画板上练习绘画一边说：“我从未想到我会有这样的勇气。但是，我们的孩子都长大成人了，我们住在空空荡荡的房子里，不知道该干什么。于是我们便上路了。现在我认为，我永远不会再像以前那样生活了。”

也许，这种生活方式该算最彻头彻尾的“简单生活”了。

西方包括美国的许多人，早就在提倡过一种简单的生活。他们试图离开汽车、电子产品、时尚圈子，看能不能活得快乐，这被称作“草根运动”。他们强调简化自己的生活，并非完全抛弃物欲，而是要把人的分散于身外浮华物上的注意力移出适当比例，放在人自身上、精神上、心灵情感上。过一种平衡和谐从容的生活，一个真正有感知的人的生活，实质是提升生活品质。

简单化是一种心灵的净化，它是安定，是整顿，是率直，是单纯，它通常表现在诸如简单的饮食、更有规律的日常作息这种普通的生活方式上。换言之，简单化就是在喧嚣的世俗里增加一份安静，增加一份安宁。

不追求名车别墅，不垂涎山珍海味，不赶时髦，不扮贵人，放弃那些占据我们生活和心灵的杂物，过一种简单自然的生活，一种外在的财富也许不如人，但内心享受充实富有的生活。这是自然的生活，有劳有逸，有工作的快乐，也有与家人共享天伦的温馨、自由的闲暇。

我们应该追求简单的生活，真正的幸福是发自内心的，选择一种简单的生活就是挣脱心灵的桎梏，回归真我，放弃烦琐和复杂。简单的生活是快乐的源头，为我们省去了多少汲汲于外物的烦恼，又为我们开拓了多少身心解放的快乐空间。简单而艺术的生活应该是大多数人所向往的一种至高境界。

卡尔逊说，生活不是自甘贫贱。你可以开一部昂贵的车子，但仍然可以使生活简化。一个基本的概念在于个人想要改进自己的生活品质而已。关键是诚实地面对自己，想想生命中对自己真正重要的是什么。

当我们的生活趋于简单时，我们将更真诚地对待自己，我们也将更乐于参与各种活动。除了能实现自我的理想之外，更能超越自己，对他人有所贡献。

总之，过简单的生活，就是以最简单的、最符合心灵需求的新生活方式，以替代目前日渐奢侈、日渐烦冗的生活，还心灵的安宁与单纯，从而摆脱沉重而乏味的人生。

简单是浅浅的随意从容，仿佛小桥流水般朴素与自然；简单是心灵的一种释然和顿悟，柳暗花明、豁然开朗。

人的一生，不如意事十有八九，面对困难和挫折，我们应该学会放下，自省自励，不要让自己活在无穷无尽的烦恼之中，不要让自己活得太累。

佛教一个重要的思想就是要人放下，放下不必要的执着，轻松超脱地生活。

佛陀住世时，黑氏梵志来到佛陀的座前，运用神通，两手拿着两个花瓶站在佛陀的前面，想把这两瓶花奉献给佛陀。

佛陀见了，说："放下。"

梵志以为佛陀叫他把花瓶放下，便立刻把左手中的那个花瓶放下。佛陀又说："放下。"

梵志以为佛陀要他把右手的那瓶花也放下来，所以他就把右手里的花瓶又放下来。

佛陀还是对他说："放下！"

梵志非常不解地问道："我已经两手空空，没有什么可以再放下的了。请问佛陀，现在我还应该放下什么？"

佛陀说："我叫你放下，并不是叫你放下手里的东西。我要你放下的是心灵的负担。当你把这些负担都放下时，你就再也没有什么等待，没有什么分别，你就可以从人生的痛苦、生死的桎梏中解脱出来了。"

梵志这时才明白了佛陀叫他放下的真正意义。

生活中，很多人总是喊着活得太累，工作压力大、生活负担重、人际交往复杂，其实就是不能放下。如果我们都像佛陀指示的那样能够放下，便会获得轻松，获得幸福。我们无法左右命运的走向，但是却可以放下心中的负担。如果总是不能忘记过去的悲伤，并且一直在为过去而悲伤，那么我们必须卸去自己的心理负担，因为太多的记忆，反而会影响我们生活的质量。

一个青年背着个大包袱千里迢迢跑来找无际大师，他说："大师，我是那样的孤独、痛苦和寂寞，长期的跋涉使我疲惫到了极点；我的鞋子破了，荆棘割破了双脚；手也受伤了，血流不止；嗓子因为长久的呼喊而喑哑……为什么我还不能找到心中的阳光呢？"

大师问："你的包裹里装的什么？"青年说："它对我可重要了。里面装的是我每一次跌倒时的痛苦，每一次受伤后的哭泣，每一次孤寂时的烦恼……靠着它们，我才能走到您这儿来。"

于是，无际大师带着青年来到河边，河水哗哗地流淌着，看起来很深。大师和青年一起砍下一棵树，放在河里，踩着树过了河。上岸后，大师说："你扛了树赶路吧！""什么，扛了树赶路？"青年很惊诧，"它那么沉，我扛得动吗？""孩子，你扛不动它，也不用扛它。"大师微微一笑，说："否则，它会变成我们的包袱。痛苦、孤独、寂寞、灾难、眼泪……这些对人生都是有用的，它能使生命得到升华，但如果时刻不忘，就成了人生的包袱。放下它们吧！孩子，生命不能太负重。”青年放下包袱，继续赶路，他发觉自己的步子轻松而愉快。原来，生命是可以不必如此沉重的。

在如今快节奏的都市生活中，人就像是旋在高速运转的机器上的螺丝，只有铆在上面跟着转的份儿，绝无擅自离开或者中途停下来的道理。有许多人感到“活得太累”，这种“累”并不仅仅是身体上的疲劳，更主要是心理上的感受和体验，是精神负担过重、极度疲劳的表现。

现实生活中，我们每个人为了生活疲于奔命，都已经非常辛苦了，如果时刻再牢记过往的痛苦和悲伤，那岂不是跟自己过不去？过去的事情，该忘记就要忘记。多想想那些快乐的事情，这样以后的路走得会更轻松；不快乐的事情就该忘掉它。虽然说失败、苦难会给我们以后的人生提供经验，但是太多就会使人对未来没有希望，失去向前的勇气。

小说家荷摩·克洛伊说：“不要为了打翻的牛奶哭泣。否则，打翻的将不是牛奶，而是你的心血……”

一生中，我们要经历的事情很多，有快乐也有悲伤。对于智者来说，他们忘记的总是那些不快乐的事，而记住的却是那些快乐的事，所以，他们过的是一种轻松而充实的生活。

世界上最恐怖的监狱并没有铁窗和围墙，那就是我们为自己所造的心灵监狱。走在路上，看着匆忙的行人及眉间带着的疲惫，我们真的应该给自己减轻一些压力，让那些痛苦与忧虑远离我们原本纯洁本真的心灵。

生命有时候也是很脆弱的，不能背负太多的痛苦与悲伤，所以我们每个人都应该乐观一些，放弃那些忧伤与不快，方能活得轻松，活得快乐。

太多的痛苦与悲伤于事无补，不能解决任何问题，只是和自己过不去。要想快快乐乐地生活，享受生命的价值，就必须舍弃那些毫无意义的思想包袱。

## 6. 金钱不是快乐，更不是幸福

“金钱不是万能的，但没有金钱是万万不能的”，某电视剧中有一句台词一直被大家广为传播。在当今这个社会中，金钱可以换取各种各样的物质享受，没有金钱是寸步难行，但是，金钱也并不是万能的，并不一定能买到人们向往的幸福。因为幸福是每个人的内心感受，而金钱只能买到身外之物。因此，作为一个现代人，必须要有正确的金钱观。

“金钱永远只能是金钱，而不是快乐，更不是幸福。”这是希尔的一句名言。一个人如果只盯着金钱，那么他很容易就掉进金钱的泥淖中。我们都要小心控制自己对金钱的欲望，现实生活中，没有钱许多事情办不好，然而有了钱而不去合理消费，同样是一文不值。

亲情是世上无法分割的感情，但是，我们也看多了为金钱而反目的兄弟手足。有人为钱一生忙碌，低的目标为求温饱，高的向往为求大富大贵，得不到的时候，苦心焦虑，劳形苦神，不惜与人争夺。所以，这样的人永远为得失心所缠绕，片刻不得脱身。

一个富翁忧心忡忡地来到教堂祈祷后，去请教牧师。

“我虽然有了金钱，但我感觉不到幸福，我甚至不知道应该用我的金钱做些什么？它能买来欢乐和幸福吗？”

牧师让他站在窗前，看外面的街道，问他看到了什么，富翁说：“我看到来来往往的人群，感觉很好。”

牧师又把一面很大的镜子放在他面前，问他看到了什么，他说：“我看到了自己，我很忧愁。”

牧师语重心长地对他说：“是啊，窗户和镜子都是玻璃制作的，不同的是镜子上镀了一层水银，透明的玻璃让你看到了别人，也看到了美丽的世界，没有什么阻拦你的视线，而镀上水银的玻璃只能让你看到自己，是金钱阻拦了你心灵的眼睛，你守着你的财富，像守着一个封闭的世界。”

富翁听罢，顿时心宽眼明。

从此以后，他总是尽可能地去资助那些困难的人，把自己的仁爱带给他们，而得到帮助的人则用无尽的感激和祝福报答他。

太在意金钱，反而成了金钱的奴隶了。古语说得好，“君子爱财，取之有道，用之有度”，这是一种对待金钱应该有的正确态度。生活在社会中，我们需要金钱，但是我们要做金钱的主人，不能被金钱所役使。金钱固然可以换取诸多物质享受，可不一定能获取真正的开心。

一个大富翁，他的家里有良田万顷，身边妻妾成群，可是日子过得并不开心。挨着他家高墙的外面，住着一户穷铁匠，夫妻俩整天有说有笑，日子过得很开心。一天，富翁的小老婆听见隔壁夫妻俩唱歌，便对富翁说：“我们虽然有万贯家产，还不如穷铁匠开心！”富翁想了想笑着说：“我能叫他们明天唱不出声来！”于是拿了两根金条，从墙头上扔过去。

隔壁夫妻第二天打扫院子时发现了那两根金条，心里又高兴又紧张，为了这两根金条，他们连铁匠炉子上的活也丢下不干了。男的说：“咱们用金条置些好田地。”女的说：“不行！金条让人发现，会怀疑我们是偷来的。”男的说：“你先把金条藏在坑洞里。”女的摇头说：“藏在坑洞里会叫贼娃子偷去。”他俩商量来，讨论去，谁也想不出好办法。从此，夫妻俩吃饭不香，觉也睡不安稳，以往的快乐再也没有了。

每个人都有自己的活法，有钱的人有有钱的苦恼，没钱的有没钱的心酸。打铁的夫妻俩本来过得虽清贫但还算幸福，金条没有使他们得到幸福，因为他们被金钱所累。有钱的人不一定就是幸福的，没钱的人未必就是不幸福的，幸福不能用金钱来衡量。金钱也是一把双刃剑，关键是我们如何适度地把握。

其实，金钱只有在使用时，才会产生它的价值，如果放着不用，就如废纸毫无意义。就像文学里的吝啬鬼阿巴贡，他爱财如命，吝啬成癖。他不仅对仆人及家人十分苛刻，甚至自己也常常饿着肚子上床，以至半夜饿得睡不着觉，便去马棚偷吃荞麦。他不顾儿女各有自己钟情的对象，执意要儿子娶有钱的寡妇，要女儿嫁有钱的老爷。当他处心积虑掩埋在花园里的钱被人取走后，他呼天抢地，痛不欲生，这样对待金钱的态度是变态的。人生除了金钱还有其他更有意义的事情，不要一味地追求金钱，有时候金钱也是有毒的，它毒害的是人的心灵。

聪明的人善于取舍，于我有益者，不懈追求；不利身心者，纵然再好，也不为所动。金钱够用就好，毅然拒绝额外的诱惑，这才是智慧。否则，盲目地追求只会让自己背上沉重的包袱，累得喘不过气来。要让金钱为人所用，为我所用，而不要成了守财奴，钻进金钱的陷阱里，把自己送进绝境。因为过度追求金钱，不但不会获得幸福快乐，而且很可能将自己推向充满痛苦的欲望深渊。

我们虽然无法改变我们的境况，但我们可以改变自己的心态。我们拥有的金钱不够多不要紧，但不能没有快乐，如果连快乐都失去了，那么人生还有什么意义。快乐是人的天性追求，开心是生命中最顽强、最执着的律动。

物质世界和精神世界是相辅相成的，只要过得开心，生活的趣味就会更浓厚，更有意义，恐惧和压抑感自然会在内心深处消失。开开心心地生活，坦坦荡荡地做人，才会让我们感到生活的快乐和自己的可爱。

人的一生当中，享受生命比追求财富更重要。人要在有限的生命中尽量让自己活得富裕一些，但是不可不择手段地获取财富，承担风险的享受远不如清贫的日子安逸。

每个人都可以随时享受生活，有钱人有有钱的快乐方式，钱少省吃俭用照样也可以玩得尽兴。

所以，在生活中，放弃那些使我们生命过分沉重的金钱欲望，更不要做金钱的奴隶，才能使金钱为我所用，为自己服务，才能实现自己的梦想。

## 7、别让不必要的欲望束缚了自己

欲望是永远也无法满足的，太多的欲望会使我们身心崩溃，人生也变得疲惫不堪。

要想人生过得轻松，追求简单充实的生活，就必须将那些不必要的欲望关在门外。

有一个铁匠打了两把宝剑，刚刚出炉时它们一模一样，看着又笨又钝。铁匠想把它们磨快一些。其中一把宝剑想：磨掉就会少了许多的钢铁，还是不磨为妙。于是，它把这一想法告诉了铁匠。铁匠答应了它。

铁匠去磨另一把宝剑，而这把没有拒绝。经过长时间的磨砺，一把寒光闪闪的宝剑磨成了。铁匠把那两把剑挂在店铺里，不一会儿就有顾客上门，顾客一眼就看上了磨好的那一把，因为它轻巧、锋利、实用。而钝的那一把，虽然重量大一些，钢铁多一些，但是无法把它当宝剑用，它充其量只是一块剑形的钢铁而已。

同样出自一个铁匠之手，两把宝剑的命运却是天壤之别：锋利的那把又薄又轻，而另一把则又厚又重，前者是削铁如泥的利器，后者则只是一个中看不中用的摆设。

人生的很多道理，也大抵如此。人生的目的、志向以及欲望都不是多多益善，不应该是面面俱到，而是应该把已经掌握的东西得心应手地去运用，像宝剑一样，剑刃越薄越好，重量越轻越好。过多的物质追求、财富和享乐，都像剑刃上多余的钢铁，应该毫不吝惜地磨掉，因为我们的生命有限，所以必须要舍弃一些不必要的欲望。

欲望就像一个无底洞，永远都难以满足。贪欲太多，就会像有一座大山一样压在我们的身上，使自己身心崩溃、不能翻身，人生也变得疲惫不堪。

有一则故事：一个后生从家里到一座禅院去，在路上他看到了一件有趣的事，他想拿此事去考考禅院里的老禅者。来到禅院，他与老禅者一边品茗，一边闲扯，冷不防他问了一句："什么是团团转？"

"皆因绳未断。"老禅者随口答道。

后生听到老禅者的回答，顿时目瞪口呆。

老禅者见状，问道："为何如此惊讶？"

"老师父，我惊讶的是，你怎么能知道呢？"后生解释说，"我今天在来的路上，看到一头牛被绳子穿通了鼻子，拴在树上，这头牛想离开这棵树，到草地上去吃草，谁知它转过来转过去都不得脱身。我以为师父既然没看见，肯定是答不出来，哪知师父出口就答对了。"

老禅者微笑着说："你问的是事，我答的是理，你问的是牛被绳缚而不得解脱，我答的是心被俗务纠缠而不得超脱，一理通百事啊。"

老禅者接着说："其实，众生就像那头牛一样，被许多烦恼痛苦的绳子缠缚着，生生死死都不得解脱。"

一只风筝，怎么飞也飞不上万里高空，是因为被绳牵住；一匹矫健的马，个性刚烈套上马鞍而任由鞭抽，是因为被绳牵住。那么，我们的人生，又常常被什么牵住了呢？一个分房指标，常常让我们坐立不安；一个职称，常常让我们辗转反侧；一次比赛，常常让我们殚精竭虑；一次成功，常常让我们忘乎所以；一次失败，常常让我们痛心疾首；一段情缘，常常让我们愁肠百结；皆因绳未断啊。

名是绳，利是绳，欲是绳，尘世的诱惑与牵挂都是绳，它们捆绑了我们每个人的手脚，它们让我们人生的快乐消失殆尽。试问，人生三千烦恼丝，我们都斩断了多少根？放弃一些不必要的欲望，可以消除很多无名的烦恼，增添一份生命的原味。

其实，生活比我们预设的要简单得多，在现代文明之前，人类的欲望还是有限的。庄子曾经提倡那种虚静寡欲、退守不争、清静自然、质朴温馨的逍遥自在生活，陶渊明曾经提倡"采菊东篱下，悠然见南山"心情闲适、悠然隐逸的雅致生活。远离了尘世的纷扰，但求心理上的安宁与清静，是一种最本真的生活状态。

社会发展到今天，再提倡那种清静无为的生活，毕竟不太现实，也违背历史的进步，因为精神的追求与物质的发展并不是背道而驰的。肯定正常的生活需要，但原则是不要“心为形役”，不要让内心受到不必要欲望的束缚和牵绊。我们追求物质的富裕，更要追求精神上的充实。

如果为了追求名誉、权力、地位等这些身外之物，而影响、损害甚至送掉性命，这是舍本逐末。我们社会上许多人原本是风云人物，他们常常在“糖衣炮弹”攻击下，放纵自己诸多的欲望，最后，失去了常人生活的乐趣，失去了生活的自由，也失去了生活的本真。

剑桥一名教授说过：“快乐并不是遥不可及的东西，重要的是在你的心里给快乐留一块空间。”人人都在追求快乐，但要真正找到快乐，就必须学会舍掉一些不必要的欲望。快乐并不完全关乎外界的情况，而主要是内心的感受。安德鲁·克罗斯比说：“真正的快乐是内心充满喜悦，是一种发自内心对生命的热爱。”不管外界的环境和遭遇如何变化，都能保持快乐的心情，这就是一种知足的心态。“知足常乐”、常被人们用来说服别人或说服自己，以求得心理平衡的，也是“糊涂修身”的原则之一。

人生快乐与否，有时完全在自己，而不在物质的丰厚。自己快乐，生活就快乐。追求太多不必要的欲望不仅消耗我们的时间与精力，还时刻阻碍着我们享受生活的快乐，因此我们就要以知足的心境对待一切，将那些不必要的欲望拒之门外，才能拥有内心的宁静和淡泊。

将那些不必要的欲望拒之门外，因为他们不仅占据了我们大量的时间和精力，而且还会给我们带来无穷无尽的烦恼和痛苦。

## 8. 懂得变通，进退自如

聪明的人做事懂得变通，所以能够进退自如。要想成为一个聪明人，就要学会分清形势，权宜机变，不能墨守成规，固执己见。坚持是一种很好的品性，但在有些事上，过度的坚持，会导致最大的失败。

两个贫苦的樵夫靠上山捡柴养家糊口，有一天他们在山里发现两大包棉花，棉花价格高过柴薪数倍，将这两包棉花卖掉，足够家人一个月的衣食。当下两人各自背了一包棉花，赶路回家。

走着走着，其中一个看到山路上扔着一大捆布，走近细看，竟是上等的细麻布，足足有十多匹。他欣喜之余，和同伴商议要一同放下背负的棉花，改背麻布回家。

他的同伴却不同意，认为自己已经背着棉花走了一大段路，到了这里才丢下棉花，岂不枉费自己之前的辛苦，坚持不愿换麻布。这个樵夫只得一个人尽力背起麻布，继续前进。

又走了一段路后，背麻布的樵夫望见林中闪闪发光，走近一看，地上竟然散落着数坛黄金，心想这下真的发大财了，赶紧邀同伴放下肩头的麻布及棉花，改用挑柴的扁担挑黄金。他同伴仍然不愿丢下棉花，理由还是以免枉费辛苦，并且疑心那些黄金不是真的，劝他不要白费力气，免得到头来一场空欢喜。

这个樵夫只好自己挑了两坛黄金，和背棉花的伙伴赶路回家。走到山下时突然下了一场大雨，两人被淋了个湿透。更不幸的是，背棉花的樵夫背着的大包棉花，吸饱了雨水，再也背不起来了。不得已，那樵夫只能丢下一路辛苦舍不得放弃的棉花，两手空空地和挑黄金的同伴回家去。

聪明人与傻子的区别在于，聪明人懂得变通，懂得何时该坚持，何时该放弃，何时应改变。而傻子却只懂得顽固地坚持，一成不变地固守。如果目标正确，方法对头，这种顽固倒应该获得世人的认同甚至赞美。现实生活中“傻人有傻福”这句话，更多的是一句善意的安慰、一种自欺的借口。人们更赏识的话是“识时务者为俊杰”。

有时过分的执着就是固执，固执不是坚忍，而是愚蠢。在很多时候，我们都要学会放弃固执，变通行事。

有两个和尚要从一座庙走到另一座庙。他们走了一段路后，遇到了一条河，河上的桥被暴雨冲走了，但河水已退，他们可以涉水而过。

这时，一位美丽的妇人也走到河边，她说有急事必须要过河，但她怕被河水冲走。

第一个和尚立刻背起妇人涉水过河，把她安全送到对岸。第二个和尚接着顺利渡河。

两个和尚走了好几里路。

第二个和尚忽然对第一个和尚说：“我们和尚是绝对不能接近女色的，刚才你为何犯戒背那妇人过河呢？”

和尚淡淡地回答：“普度众生，不分男女老少。”

故事中的第一个和尚就是一个懂得变通的人，虽然有清规戒律，但遇到该变通的时候，放弃清规戒律，选择变通才是真正的明智。

一个机智的人善于灵活运用他所知的一切事物，还能巧妙地运用他并不了解的事物。能在恰当的时间内把应做的事情处理好，这不只是机智，也可称之为艺术。变则通，通则久。知变与应变的能力是一个人的素质问题，同时也是现代社会办事能力高的一个很重要的考察标准。有许多满怀雄心壮志的人毅力很坚强，但是由于只会埋头苦干，依章照法，不知变通，因而很难成功。所以，如果感到行不通的话，就要积极地尝试另一种方式。下面两个建议一旦和你的毅力相结合，你期望的结果便更易于获得。一是不要局限于自己的偏好，告诉自己“总会有别的办法可以办到”；二是先抛开常规思维，然后再重新开始。如果钻进牛角尖而不能自拔，就不会找到新的解决方法。

固执分两种，一种是还未认识到自己不对，另外一种则是明知自己不对，但是拒不认错。前者造成的失误或者失败情有可原，但如果是后者，我们就不能继续欺骗自己和别人，要勇敢地面对过失，改正我们的过去。人生很多的挫折与失利，都是过分固执造成的。做人谁都难免有这样或那样的缺点和错误，人非圣贤，孰能无过，“国王永远不会犯错”只不过是英国人的幽默。有了错误，要及时纠正，亡羊补牢，为时不晚。否则，认识不到自己的错误，或者明明知道自己错了，但是碍于面子不愿承认，打肿脸充胖子，就会陷到固执的泥泞之中。要知道生活中值得我们追求的东西很多。如果一味纠缠在那些毫无意义的东西上，拼命地追求本该放弃的，而本该努力追求的却毫不吝啬地放弃，到头来肯定是竹篮打水一场空。

如果说执着是一种精神，那么放弃更是一种勇气和境界。得不到的或不该得到的，就该果断放弃。生命匆匆，有限的人生，不允许我们四面出击分散自己的时间和精力，在大好的时光中忙忙碌碌、终无所成。

做人是一个平衡的艺术，不可恃才傲物，目中无人。既要左顾右盼，照顾到方方面面的利益，又要瞻前顾后，考虑到事情的前因后果。不能只是直线思考，更不能一条路走到黑。人的思维是跳跃的，不是一成不变的。因此要适时地变通，随时检查自己的选择是否有偏差，合理地调整目标，放弃毫无意义的固执，这样才能更好地办成事情。

做人要学会变通，不能把事做得太绝。考虑事情要全面，不要只抓住一点不放。就像一个精于棋道的棋手一样，当你走出第一步棋之后，还要想到第二步、第三步该如何走。

## 9、给人留面子，其实是给自己留退路

人一生难免有缺点不足，能够谈笑间巧妙维护他人的面子和尊严是做人的高明之处，给别人留面子就是给自己留后路，而揭人短如打人脸，必然引发矛盾。

有人认为，中国人最看重的不是钱财，也不是名誉，更不是权位，而是面子。这种看法虽然有偏颇之处，但是从某方面也反映出了面子在人们心目中的重要性。低调做人的高明之处就在于关键时候给别人维护尊严，照顾他的面子。

其实，现在的社会也是一样，每个人都希望在别人面前表现出自己好的一面，如果谁不小心揭了他的短，戳着他的痛处，无疑是当面扇人耳光，肯定不会善罢甘休。

在生活中，场面话谁都能说，但并不是谁都会说，一不小心，也许无意间就触到了对方的隐私和痛处，犯了对方的忌，对听话者造成了伤害，而自己还莫名其妙。待人处世的成功，一个很重要的因素就是善于发现对方身上的优点，夸奖对方的长处，而不要抓住别人的隐私、痛处和缺点，大做文章。

有一个真实的例子，说的是一群人在看电视剧，剧中有婆媳争吵的镜头。赵姐便随口议论道："我看，现在的儿媳有时候真是过分，一点都不知道好歹，不愿意和老人住在一起，更不愿意照顾老人，嫌这嫌那的。也不想想以后自己老了怎么办？"话未说完，旁边的小瑜马上站了起来，满脸的不高兴："说话注意点，不要给自己找不自在，有什么事情就直接说，我最讨厌别人指桑骂槐。"原来小瑜平素与婆婆关系处得不好，就不喜欢别人说婆媳关系怎么样，最近因为闹得不可开交，刚从家里搬出去另住。赵嫂由于不了解情况，无意中揭了对方的短而得罪了小瑜。很多时候，因为没有了解情况，无意之中说话

得罪人的事情很多，所以可能的话，最好不要发表一些有消极评价的意见，否则，很可能周围就有人“对号入座”，出现不必要的麻烦。

与人相处本是缘分，世界上有这么多人，五湖四海，西北东南，素不相识的人慢慢地从不认识到认识，从陌生人到朋友。然而交往中，自然避免不了一些磕磕绊绊，产生一些矛盾，闹出口舌纠纷。这个时候，大多数人都会竭尽全力去维护自己那些并不全面、不成熟的观点，用一些恶毒的难听的话去攻击对方，揭露对方的隐私、嘲讽别人的缺点。这样往往会激化矛盾，把小纠纷搞成大矛盾。

然而会做人的人，不会让这种争执成为破坏友谊的蛀虫，他们总是以和为贵，尽可能地维护别人的尊严，从而赢得别人的好感，提高自己在他人心目中的地位。做人要谦和，即使有了矛盾，出现争执，也要维护别人的面子，有理有据，有进有退，不能得理不让人，更不能死缠乱打、蛮不讲理。

俗话说：“要想公道，打个颠倒。”这时候不妨站在他人的立场考虑一下问题的实质，也许会发现其实人家也不是没有道理。有句话曾经这样描述跟人争吵的后果：“一场狂风暴雨般的唇枪舌剑过后，人们得到的仅是心烦意乱，而失去的却是彼此间亲密的情谊，彼此将日渐疏远。”

何必呢！可能到最后才发现，你所竭力证明的东西根本一点都不重要，相反还让你又多了一个“敌人”。俗话说得好：“多个朋友多条路，多个敌人多堵墙。”卡耐基也曾经说：“你赢不了争论。要是输了，当然你就输了；如果赢了，还是输了，因为你输掉了形象，失去了跟人友好相处的一个机会。”所以，适时而退，给人留足面子，不要伤害别人的自尊，更不能侮辱别人的人格。不然，就算获得了胜利，结果只不过是证明了你并不是一个会做人的人。

林肯曾经斥责一位和同事发生争吵的青年军官，他说：“每一个希望获得成功的人，都不会将时间浪费在无谓的争执上。争执往往使得人失去了自制，这是每个人都要注意的，因为失去自制的后果可能会很严重。就算在表面上吃一点亏也没有什么大不了的，与其跟狗争道，被它咬一口，倒不如让它先过去。否则就算将狗杀死，被它咬的伤还是疼在你身上。”社会中好多事端都是从一个小小的纠纷引起的，在不知不觉中酿成大祸。即使在争斗中获胜，但是又得到了什么，失去的永远也无法挽回了。

做人做事一点通退一步海阔天空，让三分心平气和。与人相处，低调谦和，给人面子，维护了别人的尊严，也就是给自己留下更多的退路。

# 第四章 打开心扉
## ——懂舍得人生就没有阻碍

我们的心原本也与佛陀一般能够包容一切。我们的心原本是何等宝贵、何等宽大啊！我们的心好像太阳、月亮，可以照破黑暗；我们的心好像田地，可以滋长善根，种植功德；我们的心好像明镜，可以洞察万象，映现一切；我们的心又如大海一般，蕴藏着无限的能源宝藏。

——星云大师

### 1、宽容别人，也是给自己的心灵让路

心宽，天地就宽。宽容是一种美德，宽容别人，其实也是给自己的心灵让路。只有在宽容的世界里，人才能奏出和谐的生命之歌。

人在社会生存，难免会有心存偏见，当偏见蒙蔽自己的时候，要想根除偏见，就要首先根除狭隘的思想。只有远离偏见，才有人与内心的和谐，人与人的和谐，人与社会的和谐。

清代中期，当朝宰相张英与一位姓叶的侍郎都是安徽桐城人。两家毗邻而居，都要起房造屋，为争地皮发生了争执。张老夫人便修书京城，要张英出面干预。这位宰相到底见识不凡，看罢来信，立即作诗劝导老夫人：“千里家书只为墙，让他三尺又何妨？万里长城今犹在，不见当年秦始皇。”张母见书明理，立即把墙主动退后

三尺；叶家见此情景，深感惭愧，也马上把墙让后三尺。这样，张叶两家的院墙之间，就形成了六尺宽的巷道，因此，“六尺巷”便被后世人传为佳话。

人生之路并不是一帆风顺的，我们所走过的路，所经历过的事都是没有办法再去改变。唯有能改变的就是自己的心态，以一颗宽容之心来对待所经历过的人和事。有一句话说，上天是很公平的，给了你美貌，也给了他人才智。人生苦短，不要与生活计较，不要看重得失。得与失只是一个过程，只是生活的一种态度。如果你在乎了，就会得到和失去；如果你看淡了，心宽了，就没有得到与失去。

俗话说，退一步海阔天空。经历太多的挫折，走了太远的路，人的心灵和身体都有许多灰尘，这时候，我们就应该学会自己打扫，拂去尘埃，放宽心态，使黯然失色的心灵闪光，使自己焕然一新。把一些无谓的痛苦扔掉，毕竟今天会过去，明天又是崭新的一天。如果紧紧抓住不快乐的理由，无视快乐的理由，心永远放不开，我们的心就不会感到舒服。因此我们要学会宽容，学会放下，分享别人的快乐，心有多宽，天地就有多宽。

人生在世，会遇到各种纷繁芜杂的问题，怎么样来处理这些问题，这才真是个问题。一个人最可怜的是无知，最可悲的是浅薄，最可贵的就是有一颗宽容的心。雨果曾说过，世界上最宽广的是海洋，比海洋更宽广的是天空，比天空更宽广的是人的胸襟。一颗宽容的心，需要的就是宽广的胸襟。宽容是人生的大智慧，能够修身养性，安身立命。

一个人含冤入狱，他的牢房特别的狭小，住在里面很拘束，又不能自由的活动，加上又满含冤屈，他的内心充满了愤恨与不平，倍感委屈和难过，觉得住在这么一小间牢房里简直就是人间炼狱，他每天就这么怨天尤人地过着，每天都让他觉得是一种折磨。有一天，这间小小的牢房里飞来一只苍蝇，嗡嗡叫个不停，到处乱飞乱撞，他想：我已经够心烦的了，再加上这只讨厌的苍蝇，实在是一分钟都难待下去，所以，他要把这只苍蝇捉住扔出去。他小心翼翼地去抓苍蝇，无奈苍蝇太灵敏，他费尽心机都没能抓住，他不由得感叹，自己的牢房真不小，居然连一只苍蝇都抓不到，可见这里挺大的嘛。也由此悟出一个道理，原来心中有事世间小，心中无事天地宽啊。胸襟宽阔的人，纵然住在一间狭小的牢房里，亦能转境，把小小牢房变成大千世界；一个心量狭小、不满现实的人，即使住在摩天大楼里，也会感到事事不能称心如意，所以，我们不要计较环境的好与坏，而是要注意内心的力量与宽容。

宽容是一种理性，体现一个人的修养和气度；宽容是一种智慧，反映一个人驾驭局面的能力；宽容是一门学问，会宽容的人也会生活，懂得宽容的人，也就懂得了快乐。用一种宽容的心态去生活，心会宽了，天地也会大了。心宽了，就会让很多事情变得简单而轻松。

## 2、世上本无事，庸人自扰之

每一个人的心都是自由的，如果你感叹心太累，那么一定是你让自己的心追逐于名利。何必做一个自筑名利牢狱的庸人呢？跳出来吧，管他世人纷纷扰扰追寻名利，我自宽心自持。

抛弃名利，宽心自待的重要一点来源于心态的平和，因为心态平和的人能把事情看开、看淡。

大多数时候，不是外界的名利束缚了我们，而是我们的心将我们自己框死。所以，要善于解放自己的心灵，让自己跳出名利的圈子，从而使心境恬静一点、洒脱一点。

三伏天，禅院的草地枯黄了一大片。“快撒点草籽吧！好难看啊！”小和尚说。

师父挥挥手说：“随时！”

中秋，师父买了一包草籽，叫小和尚去播种。

秋风起，草籽边撒、边飘。“不好了！好多种子都被吹飞了。”小和尚喊道。“没关系，吹走的多半是空的，撒下去也发不了芽。”师父说，

“随性！”小和尚撒完种子后，发现飞来几只小鸟啄食他刚撒下的种子。“要命了！种子都被鸟吃了！”小和尚急得要命。“没关系！种子多，吃不完！”师父说，“随遇！”

半夜一阵骤雨，小和尚早晨冲进禅房大喊：“师父！这下真完了！好多草籽被雨水冲走了！”“冲到哪儿，就在哪儿发芽！”师父说，“随缘！”

一个星期过去了。原本枯黄的地面，居然长出许多青翠的小苗。一些原来没有播种的角落，也泛出了绿意。

小和尚高兴得直拍手。师父点头：“随喜！”

“随时、随性、随遇、随缘”概括了人生中多少自然规律，多少人生智慧。一切自然随意，不为名利所扰，人生就不会有那么多的东西让你寝食难安、愁眉不展。

有一天，烦恼的少年来到一个山脚下。只见一片绿草丛中，一位牧童骑在牛背上，吹着横笛，逍遥自在。

烦恼的少年看到了很是奇怪，走上前去询问：“你能教给我解脱烦恼的方法吗？”

“解脱烦恼？嘻嘻！你学我吧，骑在牛背上，笛子一吹，什么烦恼都没有了。”牧童说。

烦恼的少年试了一下，没什么改变，他还是不快乐。

于是，他又继续寻找。走啊走啊，不知不觉间来到河边。岸上垂柳成荫，一位老翁坐在柳荫下，手持一根钓鱼竿，正在垂钓。他神情怡然，自得其乐。

烦恼的少年又走上前去问老翁：“老翁，您能赐我解脱烦恼的方法吗？”

老翁看了一眼烦恼的少年，慢声慢气地说：“来吧，孩子，跟我一起钓鱼，保管你没有烦恼。”

烦恼的少年试了试，不灵。

于是，他又继续寻找。不久，他路遇两位在路边石板上下棋的老人，他们怡然自得，烦恼的少年又走上前去寻求解脱之法。

“喔，可怜的孩子，你继续向前走吧，前面有一座方寸山，山上有一个灵台洞，洞内有一位老人，他会教给你解脱之法的。”老人们一边说，一边下着棋。

烦恼的少年谢过下棋的老者，继续向前走。

到了方寸山灵台洞，果然见一长髯老者独坐其中。

烦恼的少年长揖一礼，向老人说明来意。

老人微笑着摸摸长髯，问道：“这么说你是来寻求解脱的？”

“对对对！恳请前辈不吝赐教，指点迷津。”烦恼的少年说。

老人答道：“请回答我的提问。”

“有谁捆住你了么？”老人问。

“……没有。”烦恼的少年先是愕然，而后回答。

“既然没有人捆住你，又谈何解脱呢？”老人说完，摸着长髯，大笑而去。

烦恼的少年愣了一下，想了想，有些明白了：是啊！又没有任何人捆住自己，我又何须寻找解脱之法呢？我这不是自寻烦恼，自己捆住自己了吗？

人们已经看惯了日升月落，春秋更替，习惯了一年四季的冷暖现象，却很难看淡人间的悲欢离合、情仇恩怨，更难将伤心难过看得风轻云淡。

也许我们无法选择人生的际遇，我们无法改变周围的人和事，我们也无法让每个人都和自己一样不再去追求名和利，但我们可以改变自己的心态，平淡地看待纷纷扰扰的名和利，放宽心态面对人生的种种经历。

## 3、痛苦的根源在哪里

痛苦的根源在于看不开，看不开就会舍不得放弃，舍不得放弃过去的，舍不得放弃失去的，舍不得放弃远去的，久久沉浸于其中无法摆脱，正是这种看不开造就了人生的悲伤，看不开是人生的悲伤之源。

世间最大的苦是自己想不开，让自己的心受苦，我们要能转苦为乐，不要让芝麻绿豆的小事放在心中而自讨苦吃，才能时时自在。人想开的时候，心灵之门是敞开的，什么都看清了，就不怕了，人的恐惧都来自看不清。想开了，恐惧没有了，心情就好了，一好百好，人逢喜事精神爽。在想开的时候，人的目光是盯着光明的地方，生命处于一种开放状态，旺盛状态。心灵之门关闭了，“一朝被蛇咬，十年怕井绳”，觉得这个世界上充满了黑暗。心灵之门一关，一切都看不清了。因为看不清而充满了一种警备、焦虑的心理，心情当然不好。换一个角度思考问题，完全是两种结局，两种心境。所以当你遇到困难与挫折的时候，不要钻牛角尖，不妨换个角度思考，劝解自己，看开一些，也许生活就没有过不去的坎了。

一位年轻的企业家事业很成功，对家里毫不顾念。几乎拥有一切的企业家对所得到的仍然不满意，觉得上天应该给自己更多。有一天，经妻子一再恳求，他带着妻子和儿子到野外去兜风。谁知中途车子出了意外，跷在悬崖上千钧一发。面临生命危机，全家人前所未有地团结起来，用尽所有的智慧，终于脱险了。脱险后的企业家好像脱胎换骨了一般，他觉得一切都满足了。对爱人、孩子、所有人都充满了爱心，每一天都过得很开心。

正所谓“大难不死，必有后福”。这个“福”字其实是经过大难的人自己给自己的，他对人生的态度发生了变化。大难之后，想开了，人的生命状态从一种狭隘的、关闭的状态转化为一种开放的旺盛的状态。想得开，人生便会充满阳光。

放下才会幸福，放下并不是放下手中的物品，需要放下的是我们的一颗心。换言之，如果我们想得开，心绪平稳了，才能安闲优雅，才会感到生活的幸福，生命的美好。一千个人眼中有一千个哈姆雷特，一千个人眼中有一千种幸福，但心灵平静、心无挂碍的那种轻灵的感觉应该是一种公认的幸福。

凡事看得开，懂得放下是一种大智慧。在很多事情上，我们应该知道适可而止，量力而行，把那些高不可攀的目标及时丢弃，这种丢弃并不是畏难，并不是缩头缩尾，而是务实地寻找更为切合自己实际的目标。当我们把那些好高骛远的目标抛弃以后，我们会切实地感受到心灵的轻松，这是为我们更好地前行准备的最好的礼物。在物欲面前，我们一定要时时提醒自己，要勇于放下，别老是贪得无厌，因为欲望是个无底洞，放不下的后果只会使自己精神备受煎熬。

## 4、勇敢去面对恐惧，拓宽心灵的广度

每个人的生命中都会有不少潜藏的恐惧，有的是因自己的怯懦而产生，有的是外力在我们成长的过程中所加诸的阴影。如果我们不能勇敢地面对它，而只想处处躲着它，我们将会发现，世界真的很小，我们只会面临无处可逃的命运。

57 岁的李林一想到即将退休，就愁绪万千。

25 岁的张远思一乘坐电梯，就有恐惧感。

18 岁的吴小清一想起要和喜欢的男生约会，就双腿发颤，肠胃不适。

几乎所有年龄阶段的人都有各自不同的恐惧心理。其实，恐惧并不一定就是一件坏事。有时候，恐惧还会变成一种勇气帮你逃脱灾难。同样的，当危险仅仅为心理所致时，恐惧能强迫你采取有效的措施。只有当恐惧程度比危险还要强烈时，它才变成一个严重的问题。

恐惧并不是与生俱有的，它只不过是过去的经历和生活环境所造成的。例如，一位名叫比尔的年轻人，他的父亲向来认为灾难只不过是临时的挫折，它终究能被勇气和毅力所克服。比尔在父亲的影响下喜欢上了冒险，他总是相信自己有能力解决问题。恰恰相反，费尔的父亲用毕生的精力来保护自己和他的家庭。对工作变动及被“炒鱿鱼”，

他总是胆战心惊。由于怕出车祸，他不敢去度假。生长在这样的环境里，费尔自然而然地变得胆怯和紧张。

有些人总喜欢给自己一些限制，不敢去尝试新的事物，他们总是在心中对自己说："我不能！""我不会！""我不喜欢！"于是，让自己很遗憾地停留在原地踏步，无法突破。

"我不……"这样的话语，其实都是自己用来吓自己。它虚拟成很大的障碍，阻挡我们前进的道路。

说穿了，它就是要自己主动放弃，免于付出尝试的努力，而且毫无愧疚之心。

曾有一个很优秀的女人，她原先在单位担任行政方面的工作，一个偶然的机会，她决定转往业务销售领域发展。刚接下那份工作期间，她曾经出现不适应的现象，心中萌生去意。

"我真的不合适，勉强拖下去，对公司、对自己都不好。"她向我解释。

"才短短两个月，可能是还不适应吧！"朋友劝告她，"当初也是考虑过才决定转行的，如今还不到一年的时间，做业务销售的资历不够完整，轻言放弃很可惜。"

后来，在朋友的劝导下，加上公司同仁的挽留，她决定继续留任，再试试看。半年过去了，大家都觉得她做得不错，相当称职。她终于克服了自己恐惧失败的心理，拿出勇气向前迈进了一步。先不管她的未来发展会如何，光她这种敢于尝试的态度就很值得肯定。

其实，恐惧并不是非常可怕的事情。然而，它有时候会让我们深感焦虑和痛苦。那么，我们究竟应该如何做才能战胜恐惧呢？

（1）留心自己的身体健康状况。如果你的恐惧症一直不消，那么你就该进行一次身体检查。如果营养不良、患病或劳累，那么你就会产生恐惧心理。

（2）与他人诉说你的苦衷。如果你总为自己的恐惧保密的话，那么你将会更加恐惧而且会成为与众不同的人。如果你能向了解你的痛苦的人诉说衷肠并博得他们的同情与理解，那么你就要迈出了重要的一步。

（3）请时常给自己宽心。如果把不好的事情看作灾难，那么你将会使恐惧更加剧烈。给自己宽心要求我们乐观对待不幸的事。例如，假如你的车坏了，健康的心理应是：噢，这并不是坏事，只是不便而已。然而如果你埋怨道："如果老发生这种事情，那么我注定是个失败者。"那么这些话会使你陷入一种不可自拔的恐惧中。

（4）打消"十全十美"的观点。如果你真的想干好工作，那么你就可能成功。然而，你要想把工作完成得十全十美，那么，在工作开始之前你便注定是个失败者，因为你对自己的要求太过分了。

美国心理学家宋戴克说："大勇无畏永远是成功者的显著特征，而胆小怯懦的人可能连小事也做不好。战胜自己的恐惧，会使自己的心灵更新、勇气倍增。你应该用成功的意象来刺激你的神经系统，当你拥有必胜的心志时，你就离成功不远了。"

我们处在一个机遇与挑战并存的时代，如果要实现自己的梦想，要在社会上有所作为，尤其需要有一种敢于创新的精神，敢于打破多年传统观念的束缚，敢于走前人未走过的路，敢于面对各种不同的议论……而种种的畏惧心理都将束缚我们前进的步伐，必须坚决地将其打破。

## 5、严于律己，宽以待人，才能从容自如

严于律己，宽以待人，体现的是一个人的素养，无论贫富，我们都要培养宽心待人的品质，对自己严格要求，对他人宽心容忍，让自己在人际关系中更加从容自如。

古人有训："严于律己，宽以待人。"所谓"严于律己"，就是严格约束自己，国有国法，家有家规，个人也有个人的"纪律"，这

个“纪律”是对自己的要求，做到自我批评和自我检讨。所谓“宽以待人”，则是面对各种误解和委屈而毫无怨恨之心，以德报怨而不计较；不过高要求别人，允许别人有缺点；给别人时间和空间，让他去改进自己的缺点；给别人机会，让他屏蔽自己的缺点，不要评论别人的缺点，不要宣传别人的缺点，更不要抓住别人的缺点不放。古人说，“见贤思齐，见不贤而内自省”即是这个道理。

生活中，却常见有的人宽于律己，严以待人，凡是自己的必然自珍自夸，凡是他人的必然求全责备，时而感世伤怀，时而悲天悯人，时而怨物，时而自嗟，总而言之，昂昂然天地间唯我独尊，世间万物难入他的红眼。世界上，不同的事物各有长短：“梅须逊雪三分白，雪却输梅一段香”“梅皋敏而不工，相如工而不敏”……更何况金无足赤，人无完人。我们又何必囿于成见不肯多一分包涵呢？在生活和工作当中，看人、对人，要见人之长，容人之短。“己所不欲，勿施于人”，希望别人宽容自己，自己就应该宽容别人，不情愿别人苛求自己，也就不应该苛求别人。学会将心比心，以责人之心责己，爱己之心爱人，就一定能豁达地宽容别人。

在日常生活中，我们怎样才能做到严于律己，宽以待人呢？在人与人的交往中难免会产生一些误会和矛盾，当这种情况发生时，首先应该严于律己，多想想自己的不足，主动承担责任，以求得“化干戈为玉帛”，增进彼此间的友谊，求得谅解，同时还应宽以待人，多站在对方的角度想一想，即使受点委屈，也要从大局想，以友谊为主，做到有理让三分。

待人为什么要宽？为的是给人自新的机会。律己为何要严？因为不严会放松自我约束，让小错误发展成大错误。这是一种规范的待人之道，也是为人处世最重要的原则。它的核心是强调自悟，对事物的标准，要有一个超然的体悟，对是非的判断，要有一个尽可能客观公正的把握。一个具备这种高贵品格的人，他的成功将是水到渠成的。

明王朝的建立，大将军徐达功不可没。徐达与朱元璋一起放牛，长大后一起打仗，他有勇有谋，深得朱元璋的喜爱。但是，就是这样一位战功赫赫的人，却从不居功自傲，而是律己甚严。

徐达处处跟士兵同甘共苦。遇到军粮不济，士兵填不饱肚子，他主动少饮少食，把口粮节省下来分给他们；大军还没扎好营寨的时候，他从不提前进帐休息，一定会等到大家都安顿好了，他才放下心来；士卒伤残有病，他亲自过问，端药治疗；如遇上兵士牺牲，他会更加重视，筹集棺木葬之。所以，明军将士对他无不既感激又尊敬。

在生活方面，他也无声色酒财之好。史书记载说：“妇女无所爱，财宝无所取，中正无所疵，昭明乎日月。”朱元璋曾经赐给他一块好地皮，但这块地皮正处于农民的水路必经之地，他的家臣看到有这个好处，于是用这块地皮谋取私利，向农民征收“过路费”。徐达知道后，马上将此地上缴官府。

严于律己、宽以待人的态度，是人际交往中的润滑剂，可以减少生活中许多不必要的摩擦和纷争，如果总是戴着有色眼镜看人，一语不和就“针尖对麦芒”，那么一句话，一件微不足道的小事，都可能闹得不可收拾。俗话说“心底无私天地宽，人到无求品自高”，事实证明，一个人只要能跳出个人的圈子，才能严于律己，宽以待人。

“宽以待人，严于律己”能体现一个人在处世为人修养上的收放功夫，也是高尚品德的最好说明。宽以待人，首要之处是能做到无我而思；严于律己，最要紧处是能克制自己的情绪。感情用事，嫉妒之心是纠缠一个人终生的两件主要因素，也是人们产生怨气的根源。所以，身在逆风舟上看到他人能顺风急进，做到扪心自问：别人一帆风顺对我有何影响？我虽在逆水之舟又与他人有何相连？不生嫉妒之心就不是一件简单的心理行为。日常生活中看不顺眼的事很多，自己不生烦恼，就不会有人找你的麻烦。嫉妒之心人皆有之，轻重不同而已。因此，人生处世无论遇到大事还是小事，心理平衡是化解人与人之间怨恨的第一心理要素。

著名的将相和的故事，就是一个很好的例子。蔺相如因为“完璧归赵”有功而被封为上卿，位在廉颇之上。廉颇很不服气，扬言要当面羞辱蔺相如。蔺相如得知后，尽量回避、容让，不与廉颇发生冲突。蔺相如的门客以为他畏惧廉颇，然而蔺相如却说：“秦国不敢侵略我们赵国，是因为有我和廉将军。我对廉将军容忍、退让，是把国家的危难放在前面，把个人的私仇放在后面啊！”这话被廉颇听到，就有了廉颇“负荆请罪”的故事。

这个故事至今依然被当作宽容之典范。如果当时蔺相如并没有对廉颇容忍，那么将相不和，秦国便不再惧怕赵国，那便是国破的后果了。像这样的宽容，有的时候，就是不计较一些小事情，往往对大局的影响却是巨大的。然而如果在这种小事情上斤斤计较，不能做到宽容，那么很可能成不了大事，在充满竞争的环境中一败涂地。

# 第五章　舍弃虚华——没有真正的输赢人生

没有永远的成功，也没有永远的失败。世间事很少祸福分明，福兮祸所伏，祸兮福所倚。成功潜伏着失败，失败也常常孕育着成功。放下成功与失败的担子，这并不是说你对成功的喜悦与失败的苦恼无动于衷，而是对“得”不必欣喜若狂，对“失”也不必心灰意懒。过得轻松一点,不以成败论英雄,因为,没有真正的输赢人生。

## 1、淡泊名利，拥有一颗平常心

淡泊名利，是古往今来许多文人雅士所崇尚的。不必为过去的得失而后悔，不必为现在的落魄而烦恼，也不必为未来的不幸而忧愁。甩开名利的束缚和羁绊，做一个本色的自我，不为外物所拘，不因进退或喜或悲，待人接物豁然达观，不为俗世所困扰。

在名利面前，能而不为，有而不重，是谓淡泊，是一种高雅和超脱。人生的所求所欲，名利也好，地位也好，艺术或逍遥也好，都是人生的一种抉择，都有它存在的因由。但是需要有一定的衡量标准来量度，究竟什么最能让人充实和幸福。人世间万事百态，法无定法，理无定理，皆是各人所持的一孔之见，孰高孰低，也难一言蔽之。天下熙熙，皆为利来；天下攘攘，皆为利往。人生看不破名利二字，就会受到终身的羁绊。名利就像是一副枷锁，束缚了人的本真，抑制了人们对理想的追求。

人的一生要经过许多关口，其中名利关是最为狭长和难过的，可谓生命不息名利不止。在名利的关口前，人们的态度大致有两种：一种是恣意追逐，一种是淡泊对待。不同的反应，规定和影响了不同的做人本色、性情意趣、价值取向，乃至于生命长度等等。

追名逐利者，其人生的价值观、利益观、幸福观都驻足于如何获取更高的位子、更大的房子、更好的车子和更多的票子上，他们衡量自己一生是否成功与显赫的砝码是功、名、利、禄……

为了达到这些，他们会绞尽脑汁、百般钻营、曲意奉承、攀高结贵、见机行事、不择手段、不惜人格，甚至踩着党纪、政纪、国法和道德良心的黄线工作和生活着。因此，他们一生都摆脱不掉担惊受怕、患得患失的心境，终日处于焦虑不安、浮躁烦恼当中，在谋取到非分的功名利禄时，也饱尝了违心、苦闷、沮丧、落魄的苦痛……

他们奉行的人生观和价值观，或许就是“不求天长地久，只图今生拥有”、“今朝有酒今朝醉，哪管明天是与非”，这是一种极端利己主义和享乐主义的人生态度。

淡泊名利者，并非没有功名利禄之心，但他们在追求和获取的态度上不是搞急功近利、损人利己、损公肥私，而是讲顺势而为、公平竞争、取之有道、得而无愧。因此，他们活得坦然、活得真实、活得自在、活得宽朗、活得博识、活得自重、活得自爱。

淡泊名利者，谦恭礼让、仁厚大度、博学睿智、诚实守信，对事业讲忠、对父母讲孝、对家人讲情、对朋友讲义。他们的品行风范和人生态度是极具人格魅力的。

淡泊名利者，做人做事都严格恪守道德底线和法律底线。凡是于国家和人民利益有害的事，不为；凡是损公肥私、害人益己的利，不取；凡是寡廉鲜耻、贪天之功为己功的誉，不求；凡是不仁不义、贻笑大方的糗行，远避。

这种安贫乐道、甘于寂寞、淡泊自守、不求闻达的精神境界，是一种纯粹高尚的、脱离了低级趣味的、有益于社会和人民的人生态度。

有聪明才智的人，比别人更容易获取事业上的成功，可是，才智出众的人，却往往思想比较复杂，心中的欲望和野心也比一般人更强烈，因此比普通人更不容易拥有一颗平常心。他们往往由于复杂的思想、太过强烈的欲望和野心而迷失了自己，忘却了做事的根本，这时，聪明才智就会成为一种障碍、一种负累。所以我们常常说“聪明反被聪明误”。

淡泊名利的人表面给人一种不敢追求、没有理想的感觉，实际上他们是在踏实沉稳地走完每一段路，对自己的事业、生活中有一个适合于自己的现实规划。所以，保持一颗淡泊名利的平常心，坚持做事的原则，做一个普普通通、平平淡淡的人，持续专注于事情本身，而不被其他因素所干扰，不被其他目的和欲望所影响，这样反而能成就一番伟业。

徐迟写的报告文学《哥德巴赫猜想》曾影响和激励了一代人，文中描述了世界震惊的数学奇才陈景润，在六平方米的小屋里，借一盏煤油灯，伏在床板上，用一支笔，耗去了几麻袋的草稿纸，竟然攻克了世界著名的数学难题。虽然他“傻”到边走边想数学题，几次头撞到树上、电线杆上……可他最终成功了！他最终赢得了爱情、名誉——而所有的一切都不是他研究数学难题时一心想要的，他长年累月坚持不懈的动力只是他对数学的热爱。这就是一个人最难得的心态——淡泊名利的平常心。正由于陈景润的不尚虚华，他才赢得了许多东西。

宋祁的《木兰花》中有两句词：“浮生长恨欢娱少，肯爱千金轻一笑。”其实人生的压力和苦恼并不是由于自己拥有的太少，而是自己的奢望太多，太在乎得失，太计较输赢，心灵的负荷令人沉重不堪，也就不可能一心一意地把事情做好，也就不可能获得成功。就算最后得到了自己想要的东西，也难以感受到快乐，因为心都累了，又怎能享受快乐呢？

保持一颗淡泊名利的平常心，在朴实无华的心境中生活，于寂然中品味人生的艰辛，于宁静中净化自己的灵魂，你才不会因怀才不遇而怨天尤人，才不会为暂时的得失而牢骚满腹，才能做到得意时不轻狂，失意时不沮丧。平常心，它能使我们在沉迷中变得清醒，在贪求中变得淡泊，对什么事都能拿得起，放得下，甩得开。

《名师谈禅》一书中说："一个拥有安详的人，他没有不满，没有怀疑，没有嫉妒，没有牢骚，没有抱怨，没有恐惧。所以他是生活在满足中的人，他的人生是享受的人生。"有了淡泊名利的平常心，你就会发现，快乐其实就在生命中不为人注意的某个瞬间、某个角落，快乐就在你身边。

淡泊名利，看到别人享受荣华富贵而不羡慕；看到别人拥有家财万贯而不嫉妒，珍惜自己所拥有的一切；从精神上摆脱物欲的羁绊，懂得欣赏他人的荣耀、成就和美丽。保持平常心就是将功名利禄、荣华富贵视为过眼烟云，把匆匆过往的人生看作一次旅行，所有的成功和失败，所有的输或赢都是自己参与在内的一场观光。

欲望产生时，得到再多都不会满足，只会变得越来越贪婪。淡泊名利，就不会浮躁，不会焦灼，不会被欲望腐蚀，更不会让灵魂搁浅在无氧的空间里。人生没有真正的输赢，万事万物都是互为因果、互相转变的。今日的富翁，说不定就是明天的乞丐。保持一颗淡泊名利的平常心就拥有了一份自我超脱、自我肯定的信心和勇气，不会高估自己，更不会自甘堕落，不会只追求物质上的奢华，而把自己的灵魂淹没在如潮的尘海中。因为更多时候，生活不是让我们去追求外在的虚华，而是寻求内心的平静与安宁。

在人生长河中，功名利禄、荣华富贵都如同过眼云烟。没有真正的输赢人生，保持一颗淡泊名利的平常心才是快乐人生的真谛。

## 2、把握自己的成功标准

比尔·盖茨认为，衡量成功的方式有很多，其中最简单的一种就是看他给周围的人提供了多少帮助。他说，虽然社会上衡量成功有传统的标准，即看一个人是否有新的创造，是否因为这样的创造，改善了人们的生活。但是他觉得，如果一个人只追求单方面的成就，这样的人是不能算作成功的。

著名的职业演说家高夫也指出，成功的意义并不总是在一个“赢”字。对此他讲述了一个残疾年轻女孩的故事，这位女孩将成功的真谛表达得淋漓尽致。

在某市举行的残疾人运动会比赛中，参赛者竞争得很激烈。在女子 1500 米赛跑项目预赛中，有两名选手显得格外突出。

最后有四名选手进入决赛。决赛开始，那两名实力最强的选手很快将另外两人抛在了后面。

最后一百米冲刺的时候，这两名选手几乎是比肩齐步，都在拼尽全力跑赢对方。就在这个时候，稍微落后的那个女孩不小心绊倒了。按照一般的情况来说，这等于宣布了谁是赢家。

但实际却出人意料。

领先的选手停了下来，并折回去扶起她的对手，为她拂去膝盖和衣服上的尘土。此时，另外两个女孩子已跑过终点线。

赢得冠军是每个参赛者的目标，试问参赛的选手有哪一个不想获取冠军的荣耀呢？又有什么样的人才会甘愿放弃唾手可得的荣耀呢？这位残疾女孩做到了这一点！她虽然放弃了冠军，但她同样获得了荣耀，更获得了尊重。她成了这场比赛中真正的赢家。她将自己的能力发挥到了极致——爱的能力，而爱的能力使她比任何人在赛场上赢得更多。

由此可见，成功的标准不是唯一的，人生中有许多时刻，表面上输了，但其实成了真正的赢家。

当我们面对满天星斗，面对晴朗的或阴晦的心情，我们就会明白，原来世界上还有那么多自己不明白的事。我们只是这个世界中极其微小的一分子，只是生命长河里的一滴水，所以，在我们每走出一步的时候，不要凭结果论成败，最重要的是在旅途中能采撷到珍贵的一朵小花。虽然这朵小花并不绚烂多姿，但也许它就代表着一种成功。

如果我们只有单一的成功准则，就很可能为了达成这个准则而放弃甚至丢失一些做人的原则和趣味，变成孤独者。

成功是一种向上的、不停歇的精神。它从一个瞬间过渡到另一个瞬间，从一个状态进行到另一个状态，从一种“完成”迈向另一种“完成”。在这个过程中，成功可以得到不同方式的诠释。

在现实生活中，我们常会碰见这样的问题：“你成功吗？你成功的标准是什么？”有人说：“做一个成功的哲学家。”有人说：“有很多钱。”还有人说：“没想过。”更有人说：“现在还没成功，我想将来有一天假设如果万一……”人们总是不能给出一个相同的答案。可见，成功不可能被标准化。成功一旦被标准化，它将像一顶硕大的帽子，盖住生活小小的身体，扼杀了生活的多姿多彩。

所以，当我们抛开虚华，追求丰富多彩、实实在在的生活的时候，成功就跳出“输与赢”的窠臼，而这时我们也就更容易找到属于自己的成功标准。

在这里，我们首先要明白，我们自己的成功标准绝不是别人的“成功”。因为我们知道，别人的成功永远无止境，“别人”的外延是无限宽广的。18 岁之前，觉得考上北大清华的人很威风；22 岁之前，觉得考上哈佛的是天才；步入社会时，觉得一些成功人士是不可一世的英雄……然而，英雄如是，也有无语凝噎的时候，也有看着后辈横空出世的时候，山外青山楼外楼，强中自有强中手，所以我们要在自己这里定位成功的标准。其次，我们的成功标准不能是置自己于死地而后快的那种成功。成功不是和别人比，而是和自己比，每天都有所进展，每天都有所突破。

我们要循序渐进、日积月累，所以我们不能拔苗助长；我们有属于自己的土壤，所以不需千里流徙寻找“移植空间”；我们有适合自己生长的季节，20岁做20岁的梦，30岁享受30岁的人生……成功不是做只春蚕，竭尽其能量至死方休，因为我们还需要能量来享受人世间温暖的情感。

我们的成功标准也不是看定时空里的一个标靶，然后瞄准、射击。生命的旅途上，我们在变化，标靶自然也要随之变化。曾经崇拜景仰的，有一天可能忽然会觉得，也不过如此。曾经熟视无睹的，有一天可能会发现这是上天赐予自己最美妙的礼物。

当然，成功并不表示我们从此就能够高坐在一个静止的点上夸夸其谈。我们所说的成功，是一种向上的精神气质，它由一个又一个微不足道的细节串联而成，是一种绵延的状态而不是能量化的一个点。它又像一场马拉松循环赛，今天别人胜过我，明天我胜过别人，别人这个方面胜过我，我又在那个方面胜过别人，你追我赶、此消彼长，彼此制约与平衡。

在光阴的竞技场上，竞赛者难分高下，但只要奔跑着、跳跃着，便是成功。

“成功”只是生活本身，不是任何羡慕的眼光、啧啧的赞美，更不是豪宅名车、金银珠宝堆砌而成的附属品。

成功是许诺我们以安详的心避免纷纷扰扰中困惑，但又要求我们在为物欲奔波的世界里有所作为以维护这份安宁。

成功的标准是将来有一天，不再有人指着某个标杆对青年人说：“这就是成功，你一定要成功，才算成功。”我们不想被标准化，更不想为了标准而成功。人生处处是考场，但满分的标准不止一个，我们有许多个角度给自己评分。要想活出自己的人生价值，就要首先让自己活得坦然，活得问心无愧。等我们做到能够很平淡的放弃心中对功利的渴求，放弃虚华的诱惑，我们就已经获得了成功。

成功的标准并不是像大多数人想象得那么狭窄，关键在于清楚自己究竟想要得到的是什么，而不是按照社会的标准来界定自己成功的范围。

## 3、放弃，有时候是一种智慧

人的精神境界和追求看似玄虚，实则大都有具体指向。老子说："五色令人目盲；五音令人耳聋；五味令人口爽；驰骋畋猎令人心发狂；难得之货令人行妨。"大千世界五光十色，面对诱惑，有时舍得放弃，也不失为一种智慧。

该放弃的时候放弃，是一个人精神内涵的自然流露，也是一种人生智慧，面对纷繁复杂的人生，应做到知其可为而为之，知其不可而弃之。把有限的时间和精力投入到构建和谐社会的伟大事业之中去，让生命焕发多姿多彩的绚丽。

舍得放弃是一种境界。一个人如果没有远大的理想和奋斗目标，就容易浑浑噩噩，目光短浅，容易把自己局限在狭小的范围之中，看不到远处的风景。把名利地位看得淡一些，特别是把身外之物看得淡一些，顺其自然，就不会将有限的生命搅到无限的名利场中，就不会为职务的升迁劳神费力、刻意追求。就会表现出宽阔的胸怀和高尚的风格，自觉用有限的生涯追求无涯的知识，用自己的才能和智慧为社会创造财富。

从前，商人狄利斯跟他的儿子一起出海旅行。他们带了满满一箱子珠宝，准备在旅途中卖掉，并且没有对任何人透露过这一秘密。一天，水手们知道了这个秘密，就合伙商量夺取珠宝，不巧正好被狄利斯听到，他把听到的全部告诉了儿子。"跟他们拼了！"儿子断然道。"不，"

狄利斯回答说，“我们打不过他们！”“那把珠宝交给他们？”“也不行，他们会杀人灭口的。”过了一会儿，狄利斯怒火冲天地冲上了甲板，“你这个笨蛋儿子！”他叫喊着，“你从来都不听我的话！”“老头子！”儿子也嘶哑着回答，“你从来不说一句值得我听的话！”当父子俩相互谩骂的时候，水手们都好奇地围到四周。狄利斯突然冲向他的小屋，拖出了珠宝箱。“忘恩负义的儿子！”狄利斯尖叫道，“我宁肯死于贫穷也不会让你得到我的财富！”说完，他打开了珠宝箱，在别人阻止之前将宝物全都投进了大海。

过了一会儿，狄利斯父子俩都目不转睛地盯着那只空箱子，然后两人躺倒在一起为他们所做的事痛苦不已。后来，当他们单独一起待在小屋里时，狄利斯说：“我们只能这样做，孩子，没有其他的办法能救我们的命！”“是的，”儿子答道，“这个法子是最好的。”

轮船驶进码头后，狄利斯和儿子匆忙赶到了地方法官那里。他们指控水手们的海盗行为和企图谋杀罪，法官逮捕了那些水手。法官问水手们是否看到狄利斯把他的珠宝全部投进了大海，水手们都一致说看到了。法官于是判决他们都有罪。法官说道：“什么人会舍弃他一生的积蓄而不顾呢？只有当他面临生命危险的时候才会这样去做！”最后，水手们只好赔偿了狄利斯的珠宝，才避免了惩罚。

狄利斯是一个聪明的商人，他懂得“好汉不吃眼前亏”，懂得暂时的放弃并不是最终的失败。最后，他们不是同样获得了成功吗？

人生就是这样有得又有失，有时放弃是为了大踏步地前进，是为了更多的拥有。放弃是真正的勇气，也是真正的智慧。

俗话说：“有得必有失。”生活中你不可能样样东西都得到，要学会权衡轻重。为了办好一件事情，总得放弃另一些事情，当然这里要掌握“孰轻孰重”。

在动物界里，就有许多动物在它们的生命受到威胁时，会自觉或不自觉地“避轻就重”，选择舍弃身体的一部分从而保全生命。

海参是一种软体动物，没有强有力的自卫武器，更没有快速游泳的本领，只能依靠身体腹面的管足与肌肉的收缩缓慢行动，很难抵御敌害的进攻。不过海参有护身妙法，当遇到敌害进攻难以脱身时，它便会施展“分身术”，通过身体的急剧收缩，将内脏器官迅速从肛门抛向敌害，转移对方注意力，自己则趁机逃走。有许多海参还能从肛门排出毒素“回敬”挑衅者，敌害往往因此而受到伤害，无奈离去。失去内脏的海参经过几个星期的休养生息，体内就能重新长出内脏。如果把海参切成两段放回海中，经过几个月，头尾两部分就分别能长成一只新的海参。

海星也具有这种高超的“分身术”，它不但会断腕逃生，甚至将其切碎都能继续存活。海星和海参有了这种“丢车保帅”的高超本领，就能逃避敌害，护卫自己的生命。

继续生存下去是动物们的最大目标，为了这一目标所做的一切放弃，都是值得的。

象棋中的“车”在整个棋盘中横冲直撞，杀伤力极其强大。但是一旦面临输棋的危险，为了保住“帅”，还是要把这个“车”干脆地抛弃再谋后局。

对于放弃，人们有不同的看法。有人说，放弃意味着失败；有人说，放弃了我们不妨从头再来；有人说，放弃不可以轻言；有人说，今天的放弃是为了明天的拥有；有人说，放弃了，我从此一无所有。放弃自然有几分不舍，自然要带出些许疼痛，但那又怎样呢？在成功者的眼里，一切永远都是开始，放弃甚至比拥有更重要。

有这样一个故事：一位旅行者要过一条大河，但是既没桥可走，又无船可渡。于是，他造了一排木筏安然渡到对面。旅行者心想：这排木筏对我帮助很大，何不将它带走呢？结果他背着重重的木筏，累得腰酸背痛，只好问计于空空大师。大师说：“过河时，筏虽有用；但走路时，就该放下。否则，它就成了累赘。”于是，他便丢下木筏，轻松上路，开始了新的旅行。

人的一生就是这个样子，我们曾以为重要的不可能放手的事情，随着时间的推移都会变得不再重要了。鱼与熊掌不可兼得时，我们要坚决放弃，正如放弃了笨重的木筏，才能轻松上路，开始新的旅行一样。

每个人活在世上，都会面临无数的诱惑，在这些诱惑面前人的欲望被充分地激发。所以，人们总是企图更多地占有，以为自己拥有的越多，就会离幸福越近。即便占有的东西对自己来说没什么大用，也不愿舍弃。其实，一切的一切终归“虚荣”二字，但是好多人却宁肯背着虚荣后的无奈、失望与无助，也不愿从心底放弃。

放弃本身就是做出的一种选择，就如面对一道数学题，我们必须放弃不对的思路；想清晨出去呼吸一下新鲜的空气，我们必须放弃屋里的温暖与舒适；面对失败，我们必须学会放弃脆弱；面对成功，我们必须学会放弃骄傲。放弃了童真我们才会长大，放弃了单纯我们才能变得成熟，人生就是在不断追求和不断放弃中进行的，只有放弃我们必须放弃的，才能拥有更多我们想拥有的。

放弃并不意味着失败。人在一生当中会失去很多东西，不要认为那是老天在惩罚我们，那是老天在给我们机会，给我们重新寻找更大幸福的机会。塞翁失马，焉知非福。老天是公平的，它在让我们失去的同时也会让我们得到。

可见，放弃是一种新的开始。放弃了心中难言的隐痛，我们才可以摆脱折磨；放弃了安逸舒服的工作，我们才能更好地挑战新的生活；放弃了暂时的利益，迎接我们的才会是接近梦想的天梯。放弃是由失败通向成功的转折点。有许多的事情，因为客观条件不具备，一时难以实现，这就需要我们果断地放弃，用新的事物来填补。这种放弃，绝不表示没有恒心，没有毅力，而是一种正确积极的人生态度。理想与信念是值得每个人为之付出一生的，放弃了，必须继续奋斗，以另外一种方式来实现自己的人生价值。生活中有苦也有乐、有喜也有悲、有得也有失，只有学会放弃，才会懂得何谓人生真谛。

有了更好选择的时候，我们往往需要适时地放弃，放弃不等同于失败，有时放弃是主动的，而失败是被动的。该放弃的时候不放弃，就只能在固执中等待失败了。

## 4、放弃，本身也是一种进攻

1076年，德意志神圣罗马帝国皇帝亨利与教皇格列高利争夺权力，斗争日益猛烈，发展到了势不两立的地步。亨利想摆脱罗马教廷的控制，而教皇则想把亨利所有的自主权都剥夺殆尽。

在矛盾激烈的紧急关头，亨利先发制人，召集德国境内所有的教士们开了一个宗教会议，宣布废除格列高利的教皇职位。而格列高利则毫不示弱，在罗马的拉特兰诺宫召开了一个全基督教会的会议，宣布驱逐亨利出教，不仅要德国人反对亨利，在其他国家也掀起了反亨利的浪潮。

教皇的号召力非常之大，一时间德国内外反亨利的力量声势震天，尤其是德国境内大大小小的封建主都起兵造反，向亨利的王位发难。

亨利面对紧急局面，被迫妥协。1077年1月他身穿破衣，只带了两个随从，骑着毛驴，冒着严寒，翻山越岭，千里迢迢地来到罗马，准备向教皇认罪忏悔。

但格列高利故意不予理睬，在亨利到来之前就躲到了远离罗马的卡诺莎行宫。亨利没有办法，只好又前往卡诺莎。

到了卡诺莎后，教皇紧闭城堡大门，不让他进来。为了保住皇帝头衔，亨利忍辱在城堡门前跪下。当时大雪纷纷，天寒地冻，身为帝王之尊的亨利屈膝脱帽，在雪地上跪了三天三夜，教皇才开门迎接，饶恕了他。这就是历史上著名的“卡诺莎觐见”。

最后，亨利恢复了教籍，保住帝位返回德国。

后来，帝国皇帝亨利集中精力整顿内部力量，然后派兵把一个个封建主逐个击破，剥夺了他们的爵位和封邑，那些一度危及他帝位的反抗势力逐一被消灭。在阵脚稳定之后，他立即发兵进军罗马，在亨利的强兵面前，格列高利弃城而逃，最后客死他乡。

亨利因放弃进攻，而得到了教皇的饶恕，解除了他与教皇的对峙局面。也许有人会对这种做法不屑一顾，认为简直是低三下四、尊严扫尽。但是好汉不吃眼前亏，在关键时候，放弃眼下似乎很重要的东西才能获得长远的胜利。

留得青山在，不怕没柴烧。德国皇帝“卡诺莎觐见”的目的就是以雪地长跪“认罪忏悔”来换取以后的利益。为了生存和实现更高远的目标，如果因为不肯暂时低头而遭受巨大的损失，甚至把命都丢了，还怎么谈未来和理想呢？可是不少人一碰到眼前的利益，为了所谓的面子和尊严，就会跟对方硬拼，结果一败涂地，即便获得“惨胜”，也会元气大伤。所以，当碰到对自己不利的情况时，千万不要逞能，当一时之英雄，只有获得最后的胜利才能算得上真正的英雄。

汉代公孙弘自幼家贫，贵为丞相后生活依然十分俭朴，吃饭只有一个荤菜，睡觉只盖普通棉被。就因为这样，大臣汲黯向汉武帝参了一本，批评公孙弘位列三公，有相当可观的俸禄，却只盖普通棉被，实质上是使诈以骗取俭朴清廉的美名。

汉武帝问公孙弘：“汲黯说的都是事实吗？”公孙弘平静地回答道：“汲黯说的是事实。满朝大臣中，他与我关系最好，也最了解我。今天他当着大家的面指责我，正中我要害。我位列三公却只盖棉被，生活水准同百姓一样，确实是故意装清廉以沽名钓誉。如果不是汲黯忠心耿耿，陛下怎么能听到对我的这种批评呢？”汉武帝听了公孙弘的这一番话，反而觉得他为人谦让，越发尊重他了。

公孙弘面对汲黯的指责和汉武帝的询问，一句也不为自己辩解，全部承认，这其实是一种极其睿智的应对策略。汲黯指责他“使诈以沽名钓誉”，无论他怎样辩解，旁人都以先入为主的心理认为他在继续“使诈”。公孙弘深知这个指责的分量，不做任何辩白，承认自己沽名钓誉。实际上是在表明自己至少“现在没有使诈”。“现在没有使诈”被指责者及旁观者都认可了，也就减轻了罪名的分量。公孙弘的高明之处，还在于对指责自己的人大加赞赏，说他是忠心耿耿。这样一来，就给皇帝及同僚们这样的印象：公孙弘真是“宰相肚里能撑船”。既然别人有了这样的印象，那么公孙弘就用不着去辩解沽名钓誉了，因为这不是什么政治野心，对皇帝构不成威胁，对同僚构不成伤害，只是个人对清名的一种嗜好，无伤大雅。总的说来，公孙弘正是因为放弃了对汲黯的进攻而使皇帝对他更加尊重。

对没有的事情不予否定，事情总有水落石出的一天，那时候还能得到更多人的尊敬。就算有错承认了也没什么大不了的，别人反而会觉得你人格高尚。勇于承认错误更易得到大家的谅解，而且一个光明磊落的人即使错又能错到哪里去呢？不辩自明，真是一种极好的处世哲学。

以退为进，这是一种大智慧。我们如果在这方面运用得好，更能受益匪浅。很多时候，我们对自己不要过于强求。认真地分析一下形势，分析一下自己该从哪方面着手解决问题。事情都是两面的，有正有反，有输有赢。如果刻意地去追求赢，结果可能适得其反。但是，若能审时度势，适当地放弃，以退为进，则可以取得最终的胜利。

没有永远的赢家，或者说没有真正的赢家，因为“赢”总是相对而言的。同样，没有真正的输家。既然人生没有真正的输赢，又何必一味去强求呢？适当地放弃，也许是取胜的最佳策略。

## 5、生命就是做最好的自己

世间万物都是相辅相成、互相联系、互为因果的，事情永远不会只用成与败来衡量。成功的定义虽然因人而异，但是，“做自己”

永远是唯一赢回自己的方法。在生活中我们可以放弃但不是不做选择，可以积极但不是钻营，可以松绑但不是松懈，可以玩转人生，但并非不努力，生命之美就是和谐、平衡、宁静、轻松。放下你给未来打点的包袱吧！载满沉重怎能享受生活？亮出本色，让自己过得自在从容。

人生中要感谢“贵人的提携，小人的刺激”。对于生活所给予的许多磨难与锻炼，我们要坦然接受，因为正是这些激励因素的存在，我们才能更珍惜现在的一切。生活中酸甜苦辣咸五味并陈，是困顿也好，是挫折也罢，不论风风雨雨如何变幻，这一切仍然值得感谢。因为，生命选择了我们，而我们选择做我们自己。

人无完人，古往今来没有一个方方面面都很成功的人。失败的时候，何不用轻松的心情，再度扬帆。许多时候如果你能够重新审视世界，你都会得到不同的看法。做得轻松一点，活得潇洒一点，因为生命是你的，你有权利让自己快乐和幸福。

古语说的“人活一口气，佛受一炷香”，表达了一种狭隘的人生观。试想，如果我们事事都要争，事事都要抢，岂不是活得很累？名誉、地位、金钱，原本是身外之物，如果我们为了虚荣而豁出自己，我们就在物欲中迷失人生了。梁启超先生曾分析，宇宙间的事，没有绝对的成功和绝对的失败，他说：“成功这个名词，是表示圆满的观念，失败这个名词，是缺陷的观念。圆满是宇宙进化的终点，到了终点，进化便休止，进化休止不消说，连生活都休止了，所以平常所说的成功与失败，不过是指人类活动休息的一小段落。”这番话主旨是说，我们一方面不要轻言成功，另一方面也不要过于强调自己的成功。轻言成功，就容易失败；反之，轻易承认失败，就等于完全排除了成功的可能。

做自己，并不是说我们就不用在乎输赢，或者根本不参与输赢的较量，我们还是需要在输赢中证实自己的，还是需要在输赢中看清自己的。我们在这里刻画和强调的，只是面对输赢的态度和勇气。人生就像一次远航，不可能每时每刻都是顺风的。也有人说人生处处是考场，每时每刻你都可能输，每时每刻你都可能赢，生命中有那么多的争名夺利……有时候你会输得很难堪，甚至很惨。但有时候，上天也会安排机会让你小赢一把。

有的人输不起，稍遇坎坷就怨天尤人，长吁短叹，消极低沉，跟自己过不去，一副十足的输相。也有人输给了成功，生活中有太多的范进，有太多经不起成功的人。

其实何必呢？用平常心去看待人生的得失，把它看成你饭桌上的一碟小菜。用平常心审视身边的人和物，静看花开花落，不以物喜，不以己悲。这样才能摆脱虚名的负累，活得轻松洒脱。

我们应该明白，胜败乃兵家常事，只要及时总结经验教训，奋发图强，下次还可以赢回来。人就要有骨气，我们可以输掉技术、输掉机遇、输掉金钱、人情和关系，但决不可以输掉信心和自尊，输掉自己。

生活就是一场又一场的较量，许多人在人生的战场上争得你死我活。我们提倡竞争，竞争是前进的动力，只有竞争才会提升自己，只有竞争才会显出一个人的出类拔萃。只要你努力了，结果如何都无须沮丧，无须悲鸣，无须喜庆，无须欢呼，更无须跟自己过不去。别在乎别人用了什么手段，更没有必要观察别人的脸色，也没有必要寻求别人的理解。无论如何，告诉自己，你活出了自己，活出了真实，这样的人就是你，纯粹的你。真正的勇士敢于直面惨淡的人生，在众人面前甩甩头，整整衣装，昂起头，微笑着大步走出人群去，不管输赢都有勇气如此潇洒。

生命之所以有感动，是因为真实。当你不为输而痛苦，不为赢而快乐的时候，你就从此超越了输赢，就会拥有真正想要的人生，而不是被结果左右的人生。生命就是做自己，只有做自己，才会感受真实；只有做自己，才能产生不竭力量。托尔斯泰说得好："大多数的人想改造这个世界，但却罕有人想改造自己。"学习喜欢真实的自己，亮出自己的本色。做自己，才能在别人和自己的眼中看到自己的不足和长处；做自己，才能更好地改造自己；做自己，才能充分发挥内在的潜能。人的一念之间，或悲或喜，或生或死，你要过怎样的人生，要看你选择怎样的生活。自己的生涯成就，不是以和他人分出高下的结果来衡量的。我们最大的敌人不是别人而是我们自己，只有战胜了自己，才能超越自己。

生命，是上帝赋予人类最美的恩典。在人的一生中，都会遇到命运的转折与停滞，遇到生命轨迹的断点，凡事都应该勇敢面对。人生之路没有坦途，要获得成功你得具备多种品质，但是你至少要有能承担痛苦的勇气，只要能找到路就不怕路远。在这条路上，可能开满鲜花，可能荆棘遍布，但是你不能被困难吓倒，也不能为鲜花所诱惑而停滞不前，学会以柔克刚，从容面对顺境与坎坷，生活将会给你最丰厚的回报。

生命铸就人生的美丽，每个人都有美好的明天。相信太阳还会在东方升起，相信春风还会来吹绿大地，更应该相信自己，未来的生活会更加美好。学会享受，勇于承担，不要期待生命旅程会一帆风顺，因为它的坚韧程度往往跟你所经历的艰难困苦成正比。让生命去迎接挑战吧，不要因为一根稻草掉在头上就大呼小叫。活着快乐而不被它宠坏，活着艰辛而不被它压垮。因为生命是永远属于你的！

不要把自己的悲伤和不如意当成别人的负担，更不要夸大自己的可怜之处，因为“可怜之人必有可恨之处”，先想想自己有哪些可恨的地方，才不会自艾自怜。很多可怜人的“可怜”都是自己造成的，所以，先走出自己的狭隘天地，再重新面对自己。

现在是自己在为未来的生活做着改变，不必被任何人左右，只要做好你自己，让别人知道你可以活得很好，让别人了解你是行的就足够了。

## 6. 起手无悔乃大丈夫

一个年轻人离开故土，决心开辟一条属于自己的路。少小离家心中难免有几分惶恐。他动身前要办的一件事情就是去拜访本族的族长，请求他给自己一些忠告。

老族长正在临摹，他听说本族有位后辈即将踏上人生的旅途，就随手写了三个字："不要怕"，然后抬起头，望着前来请教的年轻人说："孩子，人生的忠告只有六个字，今天先告诉你三个，供你半生受用。"

二十年后，这个从前的年轻人已到中年，他在异乡奋斗取得了一些成就，也多了很多伤心事。归途漫漫，近乡情怯，他又去拜访族长。

到了族长家，他才知道老人家几年前就已去世。家人拿出一个密封的封套对他说："这是老先生生前留给你的，他说有一天你会再来。"还乡的游子这才想起，二十年前他在这里听到人生的一半忠告。拆开封套，眼前赫然又是三个大字："不要悔。"

起手无悔是所有人生棋盘上的弈者都必须遵守的一个要则。世事如棋，在人生的棋盘上，起手无悔也折射出一种大丈夫的风范。生命本是一个中性词，无所谓输赢，即使活出生命价值的人，也不能以输或赢来评判。

纵观历史长河，能够千古美名传的并不尽是哪一方面的赢家。《岳飞传》中岳飞的遭遇很是悲壮。他在战场上所向无敌，让金兵对岳家军闻风丧胆，但最后却落在奸人之手。岳飞称得上是一个起手无悔的大丈夫：生，退金兵，报国家；死，为君亡，听君命。牢狱之中，他怒发冲冠，只恨不能为国为君再击胡虏。这才是大无悔的精神，也只有这样的人，才称得起大丈夫。

历史往往会照出现实的丑陋，21世纪，国家早已不是家天下的概念，那么多的罪犯，那么多的贪官，那么多被欲念牵引的人，他们不懂得放下成败，不懂得起手无悔，不懂得人生是怎样一种深刻。他们在事前或是瞻前顾后、犹犹豫豫，或是三心二意、患得患失，然而在事后却捶胸顿足、后悔莫及。其实临事前的优柔寡断就已注定了做事后的追悔莫及，如此说来，起手无悔实在是成功人生的第一课。

做错选择时，尤其是做错一些所谓的大的抉择时，确实让人扼腕痛惜、难以释怀。

但是，覆水难收，过去的事无法再去改变了。

不少人喜欢把过去的烂账拿出来翻一翻，把昨夜的冷饭端出来炒一炒，不敢面对现实，不敢向前看，活在失败的阴影里，没有生命的气息，没有生活的勇气，没有动力、没有激情、没有朝气，如行尸走肉一般。

其实，翻旧账、炒冷饭的人不会因为说了那些话而感到愉快，心里的不满只会越积越多，听的人更是觉得烦躁。把痛苦与别人诉说的人是自私的，痛苦并不因为你说出来了就会在你心中减少分量，因为这样原来一个人的痛苦变成了两个人的痛苦，痛苦的总量增加了一倍。

或许，有些人不会一天到晚地炒冷饭、翻旧账，只是偶尔想到，就挖出来翻炒一番。其实，这种行为只是一种情绪上的反射，对自己的生活一点帮助也没有，还平白浪费自己的脑力和精力，搞不好还会造成高血压、忧郁症，甚至精神错乱，所谓患得而失。而且，在继续你的人生旅程时，不往前看，一定很容易碰到阻碍，搞不好还会掉进坑洞里，岂不哀哉！所以，不要总是为过去的事情后悔，丢掉悔恨，轻松上路。

比如说，谈恋爱是人生中一件美好的事，然而有过失恋经历的人是很多的。爱情是美丽的，正因为爱之深，情之切，失却爱情的人往往会失却自己。所以有那么多人为爱情所困，有那么多人为爱情殉葬。失恋固然很令人伤心，令人痛苦不堪，但懂得生活的人会向前看，他们不以此为苦，反而在失恋的经验中学到了许多东西，有所成长，以一颗开阔的心自然地去迎接下一次的恋情。但也有不少人无法放弃失去的恋情，无法从痛苦中解脱出来，始终沉溺于失去的伤情，心扉已经堵塞，再不会敞开心门，使得新的缘分不停地从眼前溜走，而逝去的时光也不可能再回来，最终变成一个很不快乐的人。所以，爱了就不要后悔，勇敢往前走。

## 7、虚名只是外在的东西

第一次登上月球的人除了大家所熟悉的阿姆斯特朗外，还有一位，就是奥德伦。

当时阿姆斯特朗所说的“我个人的一小步，是全人类的一大步”变成了全世界家喻户晓的名言了，但是几乎没有人知道奥德伦。

在庆贺成功登陆月球的记者会中，有一个记者突然向奥德伦问了一个很敏感的问题：“阿姆斯特朗先下去，成为登月第一人，你会不会因此有些遗憾？”

在全场稍显尴尬的气氛下，奥德伦没有为自己辩白，而是很有风度地回答：“各位，千万别忘了，回到地球时，我可是最先走出太空舱的。”他环视四周，笑着说，“所以我是由别的星球来到地球的第一个人。”

大家在笑声中，给了他最热烈的掌声。

真正的美德像河流一样越深越无声。并不是每个人都能像奥德伦一样，以这种平常的心来看待这样一个人人羡慕的光环。不与人争名利，成人之美是一种境界。有的人为了一生的辉煌而背负名利的枷锁，有的人却漠视名利如草芥，一生只为大局着想。

虚名不是虚荣，虚荣是一种内心的虚幻荣誉感，能让人脱离现实看世界；而虚名是别人给他的一种名誉。一般来说，名与实应该是相符的，一个人的名声和他实际所作出的贡献是相等的。然而很多人在获得名誉之后，就不再发展自己的才能，就再也做不出什么贡献了，这时名誉就和实际渐渐地不相符合了，也就成了虚名。

虚名和金钱、物质一样都是身外之物，它是一种意识上的虚华东西，只是人们的一种评判结果，冠以其名。虚名只是一个名称，像一个无形的空壳套在人们身上，是一种观念，是思想上的东西。虚名会使人放弃努力，沉睡在他已经取得的名誉上不思进取，直至最后一事无成。中国古代有一个伤仲永的故事，说的就是被虚名所误的人生教训。

仲永小时候过目不忘，能吟诗作赋，被人称为“神童”。然而成名之后，他沉醉在虚名之下，不再刻苦努力学习，渐渐地长大后，他就和一般人一样，才华泯然。他的那些天赋、才能都随时间消逝了，一生无所作为。这就是虚名可以毁掉人生的例子。

还有一些人取得名誉后，就不顾自己的实际情况，拼死拼活地维护自己的名誉，结果，早早地就为名誉累死了，这是得不偿失的。

哈里是一名长跑冠军，他非常看重自己在公众心目中的形象。他得了胃病后，不告诉别人也不去及时诊治，将病情当成秘密一样加以保守，生怕自己给人留下一个弱者的印象。终于有一天，哈里挺不住了，他被家人送到医院。三天后他就离开了人世。主治医生说他不是死于疾病，而是被名气累死的。

为了保持自己在公众心目中的“光辉形象”，哈里付出了生命的代价，但是这样死去并不为人称道，没有人不惋惜哈里的生命。希望哈里的经历能给我们一个警示——不要为虚名所累。

但是，几乎没有人不希望自己多一些鲜花和掌声。在成长的过程中，你肯定也多次收获鲜花和掌声。如果你沉迷其中，并且为了维持这份荣誉而甘愿损失其他一切，包括健康，那就是一种愚蠢至极的做法，而你的这份虚荣心，最终也会使你丧失一切。

荣誉面前，我们应该保持清醒的头脑，要懂得荣誉的珍贵，更要为自己争取荣誉，但不能为荣誉所累，不能被荣誉打垮，否则，你就会成为荣誉的牺牲品。

不为虚名所累，就是一切要以人为本，该怎么做就怎么做，该追求自己的人生目标，就不要被眼前的花环、桂冠挡住前进的道路；就应该义无反顾地抛开这一切身外之物，走自己的路，干自己的事，不因小成就妨碍自己的大成功，这样才能获得真正的荣誉。

在现实生活中，人们对于名利一般有两种态度：一种是淡泊，另一种是追逐。前者含有褒义，淡泊名利的人不是世俗的人，品格高洁；后者含有贬义，追逐名利的人的品质不怎么好。爱因斯坦说，除了科学之外，没有哪一件事物让他过分喜欢，而且他也不特别讨厌哪一件事物。遇到声名毁誉，听则听矣，不妨“呼我为牛即为牛，呼我为马即为马”，不为其所累，不为其所羁，保持自己心灵的自然和精神的超脱，拥有一份真正属于自己的生活。

我们活在世上，有太多的虚名不忍心放弃，于是不得不背负着太多情感、愿望还有负重。但是就算你抓到了所有你想要的，你为之付出的代价也是难以估量的。你得到的是虚的、暂时的东西，失去的却是永远的、实在的东西。就像有些人为了追求名誉而影响、损害健康，甚至送掉性命一样。社会上有很多风云人物，他们常常在名誉面前，失去了常人生活的乐趣，生活得很苦很累，总是想着自己的一举一动、一言一行都要符合自己的身份，无形中给自己戴上了一副枷锁，失去了生活的自由，也失去了生命的本真。熙熙攘攘为名利，何不开开心心过一生？须知，人生的追求是无止境的，放弃对虚名的崇尚，从此尽享自由人生。

名誉是一个陷阱，为名誉而生存是一种悲哀。如果能够真正体味生活中的艰险与沉浮，就能在痛苦辛酸中得到磨砺；就能在一次次沉浮与磨砺中，看清虚华的本质；就能使我们的生命更加光彩照人。

## 8、要有归零心态

上帝把1、2、3、4、5、6、7、8、9、0十个数字摆出来，让10个人去取，并说道："一人只能取一个。"

人们一拥而上，把9、8、7、6、5、4、3都抢走了。

抢到2和1的人，都说自己运气不好，得到的太少了。

可是，有一个人却心甘情愿地拿走了0。

别人说他傻："拿个0有什么用？"

别人笑他痴："0是什么也没有呀！要它干啥？"

这个人说："从0开始嘛！"就埋头苦干起来。

他获得了1，有0就成为10；他获得了5，有0就成了50。他全心全意地干着，踏踏实实地向前，他把0加在他获得的数字后面，10倍10倍地增加。

他终于成为最富有、最成功的人。

有人把"0"看作一无所有，有人把"0"看作虚无空幻，然而，也有人把"0"看成一个可以无限发展的空间。古龙评价金庸的作品时说："令狐冲之所以能练就'吸星大法'这个盖世神功，是由于他的丹田里一点真气也没有，是一只空杯子。"看来一无所有并非坏事，一张白纸最好画最新最美的图画。

山里住着一位靠砍柴为生的樵夫，他辛辛苦苦地建造了一个可以遮风避雨的房子。

有一天，他挑了砍好的木柴到城里卖，黄昏回家时，却发现自己的房子着火了。

左邻右舍都来帮着救火，但是由于傍晚的风势过于强大，没有办法把火扑灭，一群人只好站在一旁，眼睁睁地看着炽烈的火焰吞噬了整栋木屋。

大火终于扑灭的时候，这位樵夫手里拿着一根棍子，跑进倒塌的屋里不停地翻找着。围观的邻居以为他在找藏在里面的珍贵宝物，都好奇地在一旁观看他的举动。

过了半晌，樵夫终于兴奋地叫着："我找到了！我找到了！"

邻居们发现樵夫手里只是捧着一柄斧头，根本不是什么值钱的宝物。

樵夫兴奋地把木棍嵌进斧头里，充满自信地说："只要有这柄斧头，不久就可以再建造一个更坚实耐用的家。"

人生难免挫折，与其为过去后悔哭泣，倒不如放眼未来。我们每个人都不会真正地输光，当大火夺去所有时，至少手里还有那柄斧头。有了这把斧子，我们就可以从零开始，从头再来，开创更美好的生活。

一个富商赔光了所有家产，他伤心欲绝地去跳河，这时发现一个同样也到河边哭泣要跳河的妇女。他问妇女："你为什么跳河？"

"我，我被丈夫遗弃了。"

"哦，你什么时候认识你丈夫的？"

"我是三年前认识他的，我们刚结婚一年他就另觅新欢不要我了。"妇人越说越伤心，真的要去跳河了。

"哦，你等等，"富商问，"那三年前没有遇见他的时候你是怎么活的？没有他你就必须跳河吗？"

"哦，三年前我没有认识他的时候，我生活得很好，很快乐。"

"是啊，你完全能从头再来啊，只不过三年时间，他在你一生中只占几十分之一啊，干吗要为三年付出那么多代价呢？三年是可以用另外一个三年挽回的。你看，三年前我也是一个到这个城市打工的流浪汉，当时我身无分文，可现在我已经是富翁了。你说是吗？"

"是啊，谢谢你，我真不知怎么谢你。"妇人终于笑了，轻松地离开了。

在劝完妇人后，富商好像也劝了自己。是啊，三年前我还不是一无所有吗？就让一切都归零，从头再来吧。

他也轻松地离开了河边。

从头再来是一种不甘屈服的傲气，是一种勇敢面对失败的人生境界。从头再来源于我们对现实和对自身的清醒认识，是对自己实力的一种肯定，是一种挑战困难、挑战自我的勇气。从头再来，需要我们忍受失败的痛苦，吸取失败的教训；从头再来，需要我们坚定自己的信心，相信坚持到底就是胜利。从头再来是一种希望，是绝望时仍然忠实于生命的最好见证。

昨天所有的荣誉，已变成遥远的回忆。
勤勤苦苦已度过半生，今夜重又走入风雨。
我不能随波浮沉，为了我至爱的亲人。
再苦再难也要坚强，只为那些期待眼神。
心若在梦就在，天地之间还有真爱。
看成败，人生豪迈，只不过是从头再来。

刘欢这首饱含男子汉气概的《从头再来》，不知激励和鼓舞了多少彻夜难眠的伤心人。能够看透人生，看淡虚华，就能够看透人生的真正价值和意义所在，就会懂得人生不只有输赢主宰，因而会不吝辛苦，从头再来。

67 岁的大发明家爱迪生曾踩在百万资产的废墟上，面对被大火烧光的研制工厂，乐观地说：“现在，我们又可以重新开始了。”连遭 4 次失败的打击，负债累累的深圳创维集团董事长黄宏生终于获得了成功。现在，他已经是名扬欧美和东南亚的国际企业家，深圳市政协委员了。

歌德说：“苦难一经过去，苦难就变成甘美。”其实，每个人的心都好比一颗水晶球，晶莹剔透，然而一旦遭到不测，背叛生命的人会在黑暗中慢慢消逝，而忠诚于生命的人总是将五颜六色折射到生命中的每个角落。

的确，所谓人生百态，但最终都会归于一端，或取或舍，或苦或甜，或积极或消沉。诸如很多人在一个职位日子久了或在相同的岗位工作一段时间后，往往会变得日渐慵懒，甚至逐渐出现对新的事物不再敏感的情形。当然，发生进步愈来愈慢甚至倒退的状况，是因为同一件事做久了，难免会感到倦怠，甚至是自以为已经很熟悉了，所以，会使自己越来越退步。这就需要时常从思想上、意识上给自己“归零”，重新学习，就像刚刚参加工作时一样，这样，会让自己有动力、有活力，能够更加努力、自主地去工作。

“归零”是对人生历练后的一种沉淀，是放弃虚华的一种表现。在一个行业已经这么久了，应该有点建树的时候却又从头开始学习了，这样往往会给其他人一种错觉，认为你给自己“归零”其实是不自信，没有什么拿得出手，只好继续学习。因此，只有懂得“归零”的人才会明白成和败、输与赢都是人生中应该放弃的虚华，只有时常给自己“归零”才能时时提醒自己跃升。就像一个杯子盛满了水，就无法再往里倒进水去，如果能随时保持空杯的状态，那么要在杯子里加水就很容易了。如果你总是在半杯水的状态下，那么你就要注意了，因为，那表示你永远都在不足的情况下，你的专业能力及学识都应该加把劲了，所以学会让自己时时“归零”的人，就是时时在进步的人。

“归零”是一种勇于放弃虚华、勇于进取的表现。能够经常给自己归零的人，是有动力去生活的人，是懂得努力的人，是热爱生活的人。

## 9、懂得放弃是一件聪明的事情

懂得放弃的人才是真正聪明的人，一个人只有懂得放弃，才能在放弃中成长。因为人成长的过程，就是在不断放弃的过程。

我们走过童年的纯真，少年的快乐，中年的烦恼，渐渐长大、渐渐变老。从多少次失败打击中清醒，从多少次挫折坎坷中顿悟。于是有了一次次的蓦然回首，世界上很多事不能过于强求，有时要懂得放弃，要心甘情愿地放弃。

我们都有过许多梦想，但不是每个梦想都可以实现，当满怀的希望落空时，生活也似乎变得阴暗了。过分地执着于一个不可能实现的梦想，对于人生是一种太过沉重的负担，一种负面的影响，甚至是一种伤害。于是要懂得放弃。正如盛开的花朵为了结出果实，就一定要放弃美丽的容颜；要想拥有星河灿烂的夜空，就必须放弃白昼；要想拥有浪漫的雨中漫步，就一定要放弃自己喜爱的阳光。放弃了奢望，放弃了不可能实现的梦想，脚踏实地，才能活得真实从容，才能走出真正属于自己的路；放弃了不可能的结果，才能重新开始。

有一个年轻人准备长途跋涉去旅行，他想得非常周到，随身带了一个沉重的背包，里面塞满了各种各样的东西，如食品、切割工具、衣服、指南针、药品等。年轻人对自己的背包非常满意，为这次旅行做好了充分的准备。

一位智者检查完他的背包之后，突然问了一句："这些东西让你感到快乐吗？"年轻人愣住了，这是他从来没有想过的问题。他开始问自己，结果发现，有些东西的确让他很快乐，但是，有些东西实在不值得背着走那么远的路。

年轻人决定舍弃一些不必要的东西。接下来，因为背包变轻了，他感到自己不再有束缚，而且还能体会到旅程中的方便与惬意，旅行变得更愉快。

这个年轻人就是真正聪明的人，因为他懂得放弃。他放弃了沉重，获得了轻松；放弃了束缚，获得了愉快。

该执着时执着，该放弃时放弃，衡量清楚，知己知彼，才不会太辛苦。苦苦贪恋一个不适合自己的职位，不但会身心疲惫，而且会让自己心力交瘁，因为你不适合，所以你要努力地扭转自己，适应你的工作，努力地去做自己难以承担但工作需要的事情。苦苦追求一份不属于自己的感情，不但迷失了自己，也徒然地浪费了青春和精力，做出不必要的牺牲。放弃一份感情，有时的确比开始一段感情要难。因为会有日久情深的恋恋不舍，但是为什么明明知道自己错了，还无法改过来？不是你的，就不要再去争取，明明不存在或不可能的事就要断然放弃。很多事情的结局一开始就已经注定了，做再多的努力也不过徒费心机。既然这样，我们何不放弃呢？放弃，何尝不是一种解脱呢？放弃了一个人的爱，但同时也获得了重新去爱别人和被别人爱的权利，得何以喜，失又何以悲？要坚信，一个浪花消逝时，必将激起另一个更加美丽的浪花。

有人说："得不到的东西永远是最美丽的。"既然明知不可能得到，又何必为此朝思暮想呢？不如面对现实，彻底把它放弃，同时也给自己一个追求新目标的机会。"为伊消得人憔悴"，是否真的能够做到"衣带渐宽终不悔"呢？不如把这份美丽长存心中，好好珍惜和享受一些已经拥有的美丽。人生如果不懂得放弃不属于自己的东西，就不会珍惜身边的美好并拥有它，结果就会弄得想要的追求不到，本来拥有的也失去了，将可能变得一无所有。只要自己适当地选择执着与放弃，不过于强求，任其自然，往往在不经意间就能找到真正适合自己和属于自己的东西。我们应该明白，所有开始都是美丽的，所有结束都是真实的，所有震撼的心情，也许都只是我们走向泥潭的借口，所以我们都要变得坚强起来，做一个坚强的人，勇敢面对昨天、今天还有明天……

人，应该像竹笋一样，每长高一点，就要顶破一层土。人生不是淡泊如烟，不是没有生机，而是像鲜花一样绚丽多彩，如枫叶一般如火如荼。这样一条坎坷不平的漫长征途，既有荒凉的大漠，也有艰险的峡谷；既有宽敞平坦的大路，也有弯曲狭窄的小道。跌倒了，有些人从此一蹶不振，而有的人，却知难而进，为此，他看到了太阳的光辉，看到了人生的美好。

如果你百般努力却成功无期，不妨学会放弃，换一种活法，或许会让你惬意无比。如果你不再激起别人的热情，不妨学会放弃，把你绵绵的情思，深深地冻结在心底。如果你面临的是食之无肉、弃之可惜的鸡肋，不如选择放弃，无味的东西，啃下去亦无多少意义。如果你走进一条无处可通的死胡同，你应该赶紧放弃，必要的回头，会让你绝处逢生。如果你得到一个意外的便宜，你应该赶快放弃，便宜的背后，往往隐藏着阴毒的杀气。如果你的成功已达到顶峰，更要学会放弃，急流勇退，给世人留下光辉的记忆。

放弃是一种睿智、一种豪气，放弃是真正意义上的洒脱，是更深层面的进取！

你之所以举步维艰，是因为你背负的东西太重，你之所以背负太重，是因为你还不会放弃。功名利禄，常常会微笑着置人于死地。

你放弃了烦恼，从此便与快乐结缘；你放弃了利益，从此便步入超然的境地；你放弃了虚华，从此便获得超脱；如果你能做到连放弃也放弃，那你便很伟大了，已和圣人无异。放弃，你就可以轻装上路；放弃，你就可以解开烦恼、摆脱纠缠，整个身心投入到轻松悠闲的宁静中去。

生活有时会胁迫你不得不交出权力，不得不放走机遇，甚至不得不抛下爱情。你不可能什么都得到，功名利禄都是身外之物，要明白今天的放弃，是为了明天的得到。干大事业的人不会计较一时之得失，他们都知道放弃，懂得放弃，如何放弃，放弃什么。所以，生活中不要被虚华所困，多几次放弃，虚华散尽，宁静永存。

放弃虚华会改变你的形象，使你显得无欲而豪爽，更能让你赢得众人的信任，从而会让你变得更精明能干，更有力量。

世界上，除了你自己，没有什么不可以放弃，不能够放弃。只要能看透人生的真谛，就能经受得起任何诱惑。学会放弃，懂得放弃，放弃失恋带来的痛苦，放弃耻辱留下的仇恨，放弃心中所有难言的负荷，放弃浪费精力的争吵，放弃没完没了的辩白，放弃对权力的追逐，放弃对金钱的贪欲，放弃对虚名的争夺……凡是次要的、枝节的、多余的、虚无的，该放弃的全部放弃。人生本来就是一场角逐，你若能保持头脑清醒，在人群之外，在功利之外，你就不会成为受伤的角斗士，你就能抵挡得了虚华的诱惑，就能放弃对虚华的渴求。

我们活着是为了满足自己而追求，我们不是为了悔恨而生存的，也不是为了折磨自己而生存的。所以我们要学会明智地分析自己的所需所求，聪明的人才会懂得放弃。

# 第六章　舍弃忧虑

## ——拥有快乐人生

一位伟人说："要么你去驾驭生命，要么生命驾驭你。你的心态决定，谁是坐骑，谁是骑师。"同样，人生的快乐也取决于我们的心态。如果我们不给予自己烦恼，别人也永远给不了我们烦恼；如果我们不给自己快乐，那别人永远也给不了我们快乐。过多的忧虑，就是杞人忧天，放弃忧虑，我们会发现生活原来可以这样轻松和快乐。

### 1、快乐的源头在哪里

一位哲学家说过："决定自己心情的，不在于周围的环境，而在于自己的心境。"同样快乐与不快乐，不是由别人决定的，而只是自己的一种选择。只要我们愿意选择快乐，我们就会快乐，人生就这么简单。

环顾四周，我们会发现有许多天生残缺或后天残缺的人，他们对生活充满信心，从不埋怨上天对他们不公平或乞求他人救济，反而自立自强，脱颖而出，他们少了平常人的忧虑，反而显得快乐一些。就像一位哲人说的，我一直为自己没有一双漂亮的鞋子而痛苦，直到我看见别人没有脚。外界环境的作用是其次，关键是自己的选择。

选择快乐，这种选择是一种刺激。"因为我快乐，所以在任何事情上都会有成功之处；因为我快乐，就能很好地爱护周围的一切；因为我快乐，就会拥有并感受着自然的温暖；因为我快乐，就会……”快乐是对我们生活中每天做的事情的有意义的选择，因为某些值得的原因，许多人选择了痛苦、沮丧、灰心做伴。快乐不是因为我们得到了什么才会出现，而是我们选择了快乐，才会得到想要的东西。

有人说过，快乐是自己选的，烦恼是自己找的，所以说只要我们愿意选择快乐，那么就一定是快乐的。

甲、乙、丙、丁是四个幸运的年轻人，他们得到上帝的垂青，可以搭上“愿望列车”，去任意选择自己的将来。“愿望列车”有四个停靠站，分别是金钱站、亲情站、权力站、健康站。甲、乙、丙、丁可以选择在任何一个车站下车。他们选择了哪个停靠站，经过努力后，在这方面的发展会特别顺利地实现，而其他方面则会相应的不顺一些。

于是，四个人带着自己的追求做出了自己的选择。甲在“金钱站”下了车，乙在“亲情站”下了车，丙在“权力站”下了车，丁在“健康站”下了车。

三十年过去了，甲、乙、丙、丁四人不约而同地来找上帝倾诉自己的遗憾。

甲说：“谢谢上帝，我现在非常有钱，富可敌国。可是年轻时为了挣钱，我透支了青春，现在身体总有这样那样的疾病；常年经商在外，冷落了妻子，她离我而去；也疏忽了对儿子的管教，儿子好吃懒做，成了扶不起的阿斗。我觉得很不幸，能否用我的钱把这些幸福买回来？”

乙说：“我很幸福，父母长寿，妻子贤惠，儿女孝顺，一个和谐美满的家庭。可我的烦恼也挺多，父母至今还没有外出旅游过，妻子还没有享受过戴钻戒的快乐，儿女单位不是很好，而且他们结婚、买房还欠了很多钱。我能用亲情换些金钱和权力，让家人更加幸福吗？”

丙说：“我有许多权力，人家当面说的是赞美、讨好的话；背后却是恶语谩骂。看我的啤酒肚到处都有毛病，别人请吃饭，不去不行，因为他们说你有点权力就摆谱。坚持原则办事，亲戚说你六亲不认，朋友说你不讲义气；徇私舞弊，心里不踏实，最后又会进监狱。我多想有健康和亲情啊！”

丁说：“我身体健康，从没有去过医院，别人都非常羡慕。可我的妻子却说我不求上进，不懂得拼命，没有魄力，像一头猪一样活着，永远也过不上开私家车、住别墅的生活。为此，我常常烦恼。我能不能用我的健康换些钱和权力呢？”

上帝看了看四位，指了指天空自由飞翔的小鸟，又指了指笼中欢快跳跃的小鸟说：“人其实就像小鸟，天空小鸟的快乐，在于它选择了自由，它选择了与生活中的困难做斗争，在于它自己对艰辛独特的品位。笼中小鸟的快乐，在于它选择了丰衣足食，它轻松安逸地在笼子里生活着，在于它有自己的一种自由感悟。快乐源于选择，快乐源于如何看待自己的选择。”

快乐与不快乐并没有绝对的概念，它取决于我们的意念，就像故事中的四个人一样，即使他们各自拥有了金钱、亲情、权力、健康这些最美好的东西，他们也并不快乐，因为他们都把目光投向了彼此没有的东西上，因而对生活充满了忧虑，所以他们永远不会快乐和幸福。

我们整天在忧虑，为自己不能挣更多的钱而忧虑，为逝去的时间而懊悔，为孩子读书不努力而担心，为明天的物价上涨而着急，我们几乎生活在一个焦虑的世界里。任何事情都可以让我们忧虑，让我们忧虑的可以是任何事情。其实很多时候，放下就是快乐，我们的担心与忧虑没有丝毫的作用，只会徒增自己的不快，我们试图去放下忧虑，就会发现虽然事情不会改变，但我们的心情会完全改变。

曾是大陆首富的刘永好说过，拥有亿万财富的喜悦，与农民种红薯得到丰收时候的喜悦，在内心的感受上是一样的。也就是说，亿万财富与一大堆红薯，会给予人们相同的快乐。当我们没有能力挣亿万财富的时候，那就去收获那堆红薯吧，因为那同样快乐。

所以，我们需要放弃那些不必要也无意义的忧虑，不需要把自己搞得筋疲力尽，因为我们还有选择快乐的权利。

## 2、彻底解放自己的烦恼

现代社会是一个忙碌的社会，在日出日没没有尽头的日子里，人们不停地奔波劳累，就像一台永不停息的机器，而那些正在成就事业的人们，就更没有休息时间，像永不松懈的发条，为了自己的梦想或利益而不停地奔跑。我们的生命在奔忙中耗散，而我们的精神也在残酷的竞争中和快节奏的生活中趋于紧张，以至忧虑甚或崩溃，这就是现代社会的芸芸众生相。是什么缚住了我们，是什么压在了我们的心头？或许是利益，或许是出人头地的强烈欲望。但是，我们没有想过，这些利益和欲望的源头是我们自己。我们必须学会在追逐事业的同时又放松自己、享受生活，从而实现自我解放。

人本身就生活在矛盾世界上，无不遇到各种事物的挑战。确实，人生也如此，在世会有许多烦恼，为什么？是因为烦恼出自你的内心，总是以“自我”为中心。自己不给自己烦恼，别人永远不会给你烦恼，烦恼是因为你有太多的放不下，攀比、家庭、财富、利益等等，要想没有烦恼，就要学会放得下。

没有烦恼的人生是不存在的，当然也是不完整的。再快乐的人也会有烦恼的时候。即使是那些快乐得能忘记一切的孩子有烦恼。既然烦恼无法避免，那我们就不是要铲除烦恼，紧要的是如何正确面对烦恼了。

有人说，人的心如同一个杯子，杯里的水就是人的心事，水太多了，就会溢出。所以适当的时候我们要到掉一些才行。心情也是一样，负荷太重了，就需要放纵一下。只有放下心情，才能使自己少一些烦恼，将微笑留在脸上，将痛苦一手抛开，你会发现好心情和你如影随形。人生不会总处于低潮，正如天空不会永远挂满雨滴。快乐是最重要的，当自己不开心的时候，一定要学会放松自己的心情，这样生活才会有意义，多姿多彩。人生原本短暂，为何要愁眉苦脸呢，要放下自己的心情，随着自己的努力高飞。

那么，怎样才能学会放下烦恼呢？以我之见：

学会放下烦恼，应以平静地接受现实。心情也是一样，负荷太重了，就需要放纵一下。只有放下心情，才能使自己少一些烦恼，将微笑留在脸上，将痛苦一手抛开，你会发现好心情和你如影随形。人生不会总处于低潮，正如天空不会永远挂满雨滴。快乐是最重要的，当自己不开心的时候，一定要学会放松自己的心情，这样生活才会有意义，多姿多彩。人生原本短暂，为何要愁眉苦脸呢，要放下自己的心情，随着自己的努力高飞。

从理论上讲，每个人都是自由的，我们可以自由地行走，可以自由地言谈，可是实际上很多人总是觉得自己没有自由可言，每一天都被房子、车子、票子所牵扯，忧心忡忡，疲于奔命。其中最主要的原因就是自己将目光定局了，将心灵束缚了。

佛说，烦恼忧虑由心生，自己的僵局是自己设定的。其实，人生的很多事情都是这样的，一味地向别人讨教经验，是不可能从根本上解决问题的。所以只有彻底地把自己从烦恼中解放出来，我们才会获得快乐。

世界就是一面镜子，我们对它笑，它就对我们笑；我们对它哭，它就对我们哭。烦恼往往是自己给自己的，人的一生太短暂了，千万不要浪费时间自寻烦恼。

有的人忧虑是自寻烦恼，有的人忧虑则是缺乏自信，其实，无论是什么，只要你想解放自己，你就一定能获得自由。

一个顽皮的小孩无意间在悬崖边的鹰巢里发现了一颗老鹰的蛋，他一时兴起，将这颗老鹰蛋带回父亲的农庄，放在母鸡的窝里，想看看能不能孵出小鹰来。

果然如小孩所期望的那样，那颗蛋孵出了一只小鹰。小鹰跟着同窝的小鸡一起长大，每天在农庄里追逐主人喂饲的谷粒，一直以为自己是只小鸡。

有一天，母鸡焦急地咯咯大叫，召唤小鸡们赶紧躲回鸡舍内，顷刻之间，只见一只雄壮的老鹰俯冲而下，小鹰也和小鸡一样，四处逃窜。

经过这次事件后，小鹰每次看见在远处天空盘旋的老鹰身影，总是不禁喃喃自语：“我若是能像老鹰那样，自由地翱翔在天空，那该有多好。”

而一旁的小鸡总会提醒它：“别傻了，你只不过是只鸡，是不可能高飞的，别做那种白日梦吧。”

小鹰想想也对，自己不过是只小鸡，也就回过头，去和其他小鸡继续追逐主人撒下的谷粒。

直到有一天，一位驯兽师和朋友路过农庄，看见这只小鹰，便兴致勃勃地想要教会小鹰飞翔，而他的朋友则认为小鹰的翅膀已经退化无力，劝驯兽师打消这个念头。

驯兽师却不这么想，他将小鹰带到农舍的屋顶上，认为由高处将小鹰掷下，它自然会展翅高飞。不料离开鸡群的小老鹰显得很忧虑，它只轻拍了几下翅膀，便落到鸡群当中，继续和小鸡们快乐地四处找寻食物。

驯兽师仍不死心，再次带着小鹰爬到农庄内最高的树上，掷出小鹰。小鹰害怕之余，忧虑更重，但是本能使它展开翅膀，飞了一段距离。看见地上的小鸡们正忙着追寻谷粒，它便立时停下来，加入鸡群中争食，再也不肯飞了。

在朋友的嘲笑声中，驯兽师这次将小鹰带到悬崖上。小鹰已不再忧虑，它那锐利的眼光向下看去，大树、农庄、溪流都在脚下，而且变得十分渺小。待驯兽师的手一放开，小鹰展开宽阔的翅膀，终于实现了它的梦想，自由地翱翔于天空。

其实，我们每个人都曾经像小鹰一般，拥有过翱翔天际、悠闲自在的美妙梦想。有趣的是，这些伟大的梦想，往往会随着慢慢长大、所谓的"成熟"以及周围亲友的一句句"别傻了""不可能"的声音中逐渐萎缩，甚至破灭，同时，在不能实现理想的忧虑中渐渐失去自信。

就算有幸遇上一位懂得欣赏我们的驯兽师，硬将我们带到更高的领域，我们往往也会像小鹰一样为自己无法飞翔忧虑，并且如小鹰回头望见地上争食的鸡群一般，再次飞回地上，加入往日那个不敢梦想的群体里。

那些自寻烦恼的忧虑固然可叹，但是有能力却在陈旧观念中安于现状的人就更可悲，就像这只在鸡群中长大的小鹰一样。旧观念是禁锢人发展的牢笼，人应该勇于从旧观念中走出来，而不囿于观念的束缚，这样才能突破自我，解放自我。

解放自我是前进的步伐，也是停顿中的修整。前进是我们生活的动力，不可或缺，修整是前进补充，必不可少。聪明的犹太人就善于修整，他们认为健康是最重要的，因此，他们首先很注重饮食，然后很注意休息，他们认为休息和工作一样重要。

解放自己，我们首先要在身体上解放自己，多给自己休息的时间，让自己远离那些永远也忙不完的事务，让心灵有一个放松清静的空间。

解放自己最关键的就是要尽量宽容自己，放弃忧虑。做自己认为值得做想做的事情，一旦做了就不会后悔，要不断摆正自己的位置，正视前方路之漫漫，不要让自己整日沉浸在忧虑的世界里。

解放自己，还要学会宽恕别人，还自己心灵一份纯净。

解放自己的最高境界应该是随兴，即擦去遮挡心灵的尘埃，开豁出心扉的一角，让它拥抱自由。随兴是自我本色真实化的自然宣泄，是植根于每个人生命最深处的。

## 3、快乐是一种习惯

做一个快乐的人，拥有幸福的人生是我们每个人的心愿，而生活中经常会有很多的不愉快，使我们忧虑重重，进而影响到我们的工作和生活。其实，快乐只是一种生活习惯，养成了快乐的习惯，我们就能与忧虑绝缘，与快乐常伴，生活就会充满阳光。

欧盟曾经颁布过这样一条奇怪的法令，农民以后需在猪圈里放上一些可供猪儿们玩耍的玩具，如果做不到这一点，则面临罚款或监禁。他们甚至还提醒农民要经常更换不同种类的玩具，“否则，猪儿会玩腻的”。之所以颁布这样的法令，那是因为欧盟官员认为，即使是猪，也应该快乐地活着。

有位哲学家说过，世上只有快乐的猪和不快乐的人。这话的意思是说，人因为有思想智慧所以痛苦不快乐，也主要是沿用哲学上“智慧是痛苦的”的说法。我们姑且不论那些，只想猪为什么比人快乐呢？因为猪不会像人一样有烦恼，而有些烦恼恰好是人自己给自己的。

既然猪都需要快乐地生活，那么人更应该活得开心、活得潇洒。很多人为工作和学习忧虑，为没有地位、没有权力、没有财富忧虑，所以就认为没有什么值得开心的事情，这可是大错而特错。

开心与否，完全取决于自己对生活的态度，精神世界的快乐与物质世界是不成绝对正比关系的。爬雪山、过草地、吃树皮的红军战士照样笑着唱歌前进；名流明星、亿万富翁、大哲学家频频自杀者也有不少。

一个三岁小女孩问幼儿园的老师：“你知道我妈妈是男的还是女的？”老师故作沉思后回答：“女的！”女儿回家后，非常高兴地告诉父母：“我们老师真的很聪明，她知道我妈妈是女的。”说话的同时，小女孩的小脸绽放着灿烂的笑容。孩子天真的笑脸也感染了父母，也不由得为此开心了很多天。

经常感到快乐的人，并非经常有快乐的事，而是像这小女孩一样，有快乐的秘诀，那就是会给自己找乐子，如果把快乐当成一种习惯，我们就永远不会不快乐了。

宋代文豪苏东坡，一生命运坎坷：受排挤，遭诬陷，陷牢狱，受侮辱。多次被贬，生活穷困潦倒。但是，无论遇到什么挫折，他能都化苦为乐，苦中求乐，保持潇洒的心境，快快乐乐地生活。他被称为“坡仙”，既是因为他绝代的文学才华，亦是因为他快乐的心态。有一次，他被人诬陷坐了一百多天的牢，出狱后，他想到的不是如何平反、报仇之类的事情，而是如何愉快地度过有生之年，实在难能可贵。

每个人都想快快乐乐地度过自己的一生。但是现实中，总有很多事情不尽如人意，让我们心情郁闷。但是人的生命只有一次，如同白驹过隙，人没有理由不快乐地生活。即使命运坎坷，只要自己拥有乐观的心态，放弃不必要的忧虑，仍然会有无数个快乐的理由，只要我们懂得享受人生、快乐生活，就会从任何困境中得到解脱，成为一个活得快乐、潇洒的人。

二战结束时，一位美国战地记者在德国一片废墟般的居民区里，看到在一个居民的窗台上，有一个简陋的花盆，花盆里面一朵玫瑰吐蕊怒放，眼前的情景令这位记者坚信，德国一定会重新崛起。他的推断就源于这朵玫瑰，因为它代表着德意志民族的乐观心态。

一个人越是走投无路的时候，乐观就越是一笔巨大的财富。有了乐观的心态，就能够坚持，就能够等待时来运转。有了乐观的心态，看待一切事情，心情是愉快的，那些不快乐的事也因此快乐起来。快乐与不快乐是一种看问题的心态，存在于我们的意念之中。

阿伯拉罕·林肯说：“只要心里想着快乐，绝大部分人都能如愿以偿。”

养成快乐的习惯，主要是凭借思考的力量。首先，我们必须拟定一份有关快乐心情的想法的清单，然后，每天不停地思考这些想法，期间若有不高兴的想法进入我们的心中，立刻停止并将之设法摒除掉，尤其要以快乐的想法取而代之。此外，在每天早晨下床之前，不妨先在床上畅想一下，然后静静地把有关快乐的一切想法在脑海中重复考虑一遍，同时在脑海中描绘出一幅今天可能遇到的快乐地图。

生活中如果我们能够放弃忧虑，以快乐的心态去对待一切，好心情就会常伴我们。有些人什么都不缺，就是不快乐；而有些人什么都没有，但是却很快乐。他们的差别就在于是否把快乐当成一种习惯。

热爱生命的人没有不快乐的，人的一生极其短暂，如果有太多的不快乐，就是在浪费生命。因此，从现在开始就摒弃那些不必要的忧虑，养成快乐的习惯吧。

## 4、年龄永远不是障碍

年龄是人们容易进入的一个误区，尤其是女人，年龄对很多女人来说都是一个很大的心理关卡。

还记得年幼的时候被人问起年龄，我们总是爱报虚岁，还不会忘了拖个半岁或几个月的，那时候就是希望自己快快长大。有一天，忽然发觉自己不再是十几岁的少年了，再回答同样的问题，便爱说实实在在的年龄，而那个半岁也就按保留整数的法则被忽略不计了。再后来是能不回答就不回答，非答不可，索性报个出生年月，让问的人自己去计算，特别是与“二字”头年龄说再见的女性，她们更是不愿透露自己的年龄。

到底多少岁是生命中最好的年龄呢？

有一个电视节目，拿这个问题问了不同年龄的人。

一个小女孩说：“两个月，因为这时候你会被抱着走，你会得到更多的爱与照顾。”

另一个小孩回答说：“3 岁，因为可以不去上学，可以做几乎所有想做的事，还可以不停地玩耍。”

一个少年说：“18 岁，因为你高中毕业了，你可以独自去任何自己想去的地方。”

一个男人回答说：“25 岁，因为这时候你有较多的活力。”这个男人已经 43 岁，他说自己现在越来越没有体力走上坡路了。他 15 岁时，都是午夜才上床睡觉，但现在晚上一到 9 点便昏昏欲睡了。

一个 3 岁小女孩说生命中最好的年龄是 29 岁。因为你可以躺在屋子里的任何地方，什么也不用干。有人问她：“你妈妈多少岁？”她回答说：“29 岁。”

某人认为 40 岁是最好的年龄，因为这时是人生与事业的高峰期。

一位女士回答说 45 岁，因为你已经尽完了抚养子女的义务，可以享受天伦之乐了。

一个男人说 65 岁，因为那时候可以开始享受退休生活。

最后一个接受访问的是一位老太太，她微笑着说：“每个年龄都是最好的，请享受你现在的年龄。”

每个年龄本身没有好与不好之分，都是最好的。但是在现实生活中，我们常常认为自己所处的年龄是最糟的，小孩想长大，成人想回到童年。史威福说：“没有人活到现在，大家都在活着为其他时间做准备。”我们要么回忆过去的美好时光，要么畅想寄托于将来，独独忘了要把握现在，活在现在。

在电影《20-30-40》中，张艾嘉、刘若英、李心洁分别饰演三个不同年龄、风格迥异的女人，她们用心真实地面对自己的态度，折射出一幅幅现代女人诙谐幽默又感人肺腑的画面。在她们的眼中，爱与生活，从来不是一个点，而是随着时间延续，逐渐成为绵延不绝的长线，牵系着女人和她周围的人们一路走过来。这一路的风光潮起潮落，是苦中有笑，笑中亦带泪的……

她们一致认为：女人，不仅要活得精彩，也要爱得精彩。究竟怎样才称得上“精彩”呢？不同的人生，不同的年龄，有着不同的定义。但是有一点却是相同的，就是无论哪个年龄段的女人都是美丽的，都能活出自己的精彩。

20 岁的女孩会为了新冒出的小痘痘黯然神伤，为了又长肥了的手臂抱怨叫嚷。20 岁开始关注化妆，钟情名目繁多的化妆品。虽然说年轻不需要装饰，可 20 岁正是最好奇、最奔放的时候。有自信，有主张，一点点绚丽色彩，就可以美得很张扬，青春焕发，无可阻挡。

电影中，刚满 20 岁的卢晓说："我的人生才开始，我刚刚 20 岁。很多时候，比如在我晚上熬夜的时候、在跑步的时候、在走路的时候、在早上坐公车的时候、在出门旅行的时候，我都能感觉到青春在自己身上显示出来的浓浓的记号。我惊讶于自己的年轻所带来的力量，我更能深切地感受到它所带来的冲击。我惊讶于自己与周围人的不同，我乐于告诉别人我的不同，我每时每刻无不听到 20 岁在对我说，要好好过每一天。于是，我在惊讶与享受之间，过着我的 20 岁。"

即将踏入 30 岁门槛的周孜认为："如果女性的存在理由是年轻，那么其后半生岂不成了残生？所以我认为 30 岁并非青春的终点，而正是人生的起点。"

而 40 岁的女人就如一首经典的老歌，岁月的红尘锁不住她们的魅力。虽然美貌会随着年华老去，然而那举手投足间的风采却是让人持久难忘的。

40 岁的女人更多了一份成熟和自信，她们那种对生活的淡泊和从容体现出来的魅力，令人赏心悦目。

西方人说过，女人四十一枝花。的确，40 岁是女人最有魅力的时候，她们笑对人生，虽历经风雨岁月，但因对人生的执着写在脸上便有了自信，这份自信足以笑傲少女的青春。40 岁的女人更多了些沧桑，老人和孩子让她们担起生活的重担，只是这重担使得她们更加坚强，更加成熟，40 岁的女人有一种令人心醉的神韵。

诚然，容颜的改变是无法取巧的，因为它是岁月的馈赠。一个成熟、坚强、有修养的女人，就不会担心青春不再，容颜不再，因为她们自信而从容。让我们拿出最大胆的宣言："我们要美丽到 100 岁！"如果是这样，现在就是我们品味人生百种滋味的开端。所以我们要从现在开始，好好享受现在的年龄，让生命感知生活的无边快乐。

静下心来想想，其实，对于每一个人来说，长长的一生原本充满太多的变数，任何一点的变化都可能演绎出一个完全不同的人生。在无数的变化中只有年龄的变化是可预知的，总是一岁一岁地增长。然而，现实生活中，人们总是求神拜佛地试图知道那些不可预知的变化，而对规规矩矩变化的年龄却遮遮掩掩，唯恐别人知道。

年龄并不是障碍，相反它带给我们的是成熟与稳重。如果我们已经步入中年，应该更加明白岁月如斯，生命如斯，懂得细细地品味生活。人生如一块有着多种味道的蛋糕，经历了工作、生活、家庭的酸甜苦辣。从玩过家家的童年到寒窗苦读的少年，从幸福的恋人到慈爱的父母。我们扮演了为人儿女、为人妻夫、为人父母的多种角色，并由此丰富了人生的阅历。

我们学会了善待自己。几十年的风风雨雨，我们在得到的同时，也伴随着失落。即使走进了浓郁葱葱的森林，也会透过树枝的缝隙汲取着阳光与雨露；我们不再抱怨错过的机遇和命运的“不公”，能理智地面对生活中的起起落落；我们更能以平常的心态看待同龄人的跌宕起伏，不惊羡他们的飞黄腾达、一掷千金。因为我们知道人最应宽容的是自己，不应该给自己内心太多的负担，何况自己也曾经那么努力过，也真诚地对待别人。我们更应该好好地欣赏生命，享受生命，只有更好地善待自己，才能善待别人。

我们也学会了理解别人，并逐渐理解世界。当我们逐渐会客观地评价自己、评价别人、评价世界的时候，我们的年龄也会逐步增长，变得老成了。只有有过婚姻的经历，才能懂得婚姻意味着关怀、责任、宽容、忍让、信任；只有尝尽人生的酸甜苦辣，才知道幸福和爱的真谛；只有经历了人生一路的挫折、领略了人生一路的风景，才会感悟到人生的真谛。

也许对于一个没有责任感的人来说，年轻可以是个很好的幌子，倚小卖小，一声“年轻人犯错误，连上帝都要原谅”“年轻没有失败”就轻轻带过了年轻时全部的过失。对于意志消沉、雄心不再的人来说，年长也是个借口，倚老卖老，一句“老啦，来不及了”，就可让他心安理得地继续碌碌无为。

## 5、时刻记得微笑

人在什么时候最有魅力？就是在微笑的时候。

微笑是一种富有感染力的表情，它证明了一个人内心不带虚伪的自然喜悦，这种好的情绪马上会影响到周围的人，给他人留下一个良好的第一印象。如果我们希望别人喜欢我们，必须时刻保持微笑，因为没有人愿意看到一个脸上布满阴云的人。

一个积极向上的人，一个热爱生活的人，微笑是他显露最多的表情。

心理学家曾经做了一个有趣的实验，以证明微笑的魅力。心理学家给两个人分别戴上一模一样的面具，上面没有任何表情，然后，他问观众最喜欢哪一个人，答案几乎一样：一个也不喜欢，因为那两个面具都没有表情，他们无从选择。然后，他要求两个模特儿把面具拿开，现在，舞台上有两个不同的个性，两张不同的脸，他要其中一个人把手盘在胸前，愁眉不展并且一句话不说，另一个人则面带微笑。

他再问每一位观众："现在，你们对哪一个人更有兴趣？"答案是一样，他们选择了那个面带微笑的人。

这个例子充分说明了微笑的魅力：它可以受到所有人的欢迎。试问我们自己，一张脸愁眉不展，一张脸笑靥如花，我们肯定也会选择笑脸，因为看到微笑使我们自己也跟着快乐，快乐和忧愁都是可以传递的，谁会喜欢忧愁呢？

达·芬奇用蒙娜丽莎的微笑征服了整个世界，可见微笑是多么神奇。微笑的魅力无所不在，是它让这个世界充满友善与朝气。一个真心的微笑，不管是从眼睛看到的或从声音里听到的，都是一个很好的开端。

在人际交往中，我们需要微笑。微笑是一种令人愉快的表情，表达的是一种热情而积极的处世态度。微笑甚至可以创造财富，引领我们走向成功。

几年前，底特律的哥堡大厅举行了一次巨大的汽艇展览会，人们蜂拥而至，在展览会上人们可以选购各种船只，从小帆船到豪华的游艇都可以买到。在汽艇展览会期间，一家汽艇厂有一宗巨大的生意黄掉了，而另一家汽艇厂却用微笑把顾客挽留了下来。

事情原来是这样的：一位来自中东产油国的富翁，他来到一艘展览的大船旁对站在他面前的推销员说："我想买艘汽船。"这对推销员来说，可是求之不得的好事。那位推销员很周到地接待了富翁，只是他脸上冷冰冰的，没有一丝笑容。

这位富翁看着这位推销员那没有笑容的脸，然后走开了。

他继续参观，到了下一艘陈列的船前，这次他受到了一位年轻推销员的热情招待。这位推销员脸上始终挂着热情的笑容，那微笑像太阳一样灿烂，使这位富翁有宾至如归的感觉，所以，他又一次说："我想买艘汽船。"

"没问题。"这位推销员脸上带着微笑答道，"我会为你详细介绍我们的产品。"

后来，这位富翁果然交了订金，并且对这位推销员说："我喜欢人们表现出一种他们非常喜欢我的样子，现在你已经用微笑给我表现出来了。在这次展览会上，你是唯一让我感到我是一个受欢迎的人。"

第二天这位富翁带着一张保付支票回来，购下了一艘价值2000万美元的汽船。

不难看出，微笑就是无声的行动，一个人温和、亲切，洋溢着笑意，就很容易引人注意，也非常受人欢迎。因为微笑是一种宽容、一种接纳，它缩短了人与人之间的距离，使彼此之间心心相通。

喜欢微笑着面对他人的人，往往更容易走入对方的天地。所以说，微笑是成功者的最好表情。

现实生活中，许多人都意识到了服饰仪容对自己社交、办事的重要性，所以，出门前我们总是要对着镜子特意整理一番，看头发是否凌乱、领带是否平整、化妆是否恰到好处，唯恐因衣着和妆饰的不雅而被人轻视。然而，我们也不能忽略另一种重要魅力，那就是微笑，微笑是最好的化妆品。其实，对于社交、办事来说，整理表情有时比整理服饰、化妆更重要。

说到这里，我们就不能不说以微笑服务冠名于全球的希尔顿旅馆。

希尔顿于 1887 年生于美国新墨西哥州，他的父亲去世的时候，只给年轻的希尔顿留下 2000 美元的遗产。加上自己的 3000 美元，希尔顿只身去得克萨斯州，买下了他的第一家旅馆。

当旅馆资产增加到 5100 万美元的时候，他欣喜而自豪地告诉了他的母亲。但是，母亲却淡然地说："依我看，你和从前根本没有什么两样，不同的只是你已把领带弄脏了一些而已。事实上你必须把握比 5100 万美元更值钱的东西。除了对顾客诚实之外，还要想办法使每一个住进希尔顿旅馆的人住过了还想再来住，你要想一种简单、容易、不花本钱而行之可久的办法去吸引顾客，这样你的旅馆才有发展前途。"

希尔顿听后，苦苦思量母亲严肃的忠告。究竟什么"法宝"才能具备母亲所指示的"一要简单，二要容易做，三要不花本钱，四要行之可久"呢？终于希尔顿想出来了：这个法宝就是微笑。只有微笑具备这四大条件，也只有微笑能发挥如此大的效力！于是希尔顿要求员工，无论如何辛劳都必须对旅客保持微笑。他确信，微笑将有助于希尔顿旅馆世界性的发展。

事实上，希尔顿旅馆能从美国 20 世纪 30 年代的经济萧条中幸存下来，且领先进入繁荣时代，便证明了希尔顿判断的正确性。希尔顿在接下来的经营中也一直强调着他微笑服务的这一法宝。

每当希尔顿为旅馆充实一批现代化设备时，他就要来到旅馆，召集全体员工开会。"现在我们的旅馆已新添了第一流设备，你们觉得还必须配合一些什么第一流的东西使客人更喜欢它呢？"员工回答之后，希尔顿会微笑地摇着头说："请大家想一想，如果旅馆里只有第一流的设备而没有第一流服务员的微笑，那些旅客会认为我们供应了他们全部最喜欢的东西吗？缺少服务员的微笑，正好比花园里失去了春天的太阳和春风。如果我是顾客，我宁愿住进那虽然只有残旧地毯，却处处见到微笑的旅馆，而不愿走进只有一流设备而不见微笑的地方……”

现在，希尔顿的资产已从五千美元发展到数十亿美元。希尔顿旅馆已经吞并了号称为“旅馆大王”的纽约华尔道夫的奥斯托利亚旅馆，买下了号称为“旅馆之后”的纽约普拉萨旅馆。与此同时，他的名言“你今天对客人微笑了没有”也在世界各大旅馆流传开来。

微笑是希尔顿旅馆最宝贵的无形资产，也是它制胜的魅力所在。希尔顿的成功，就是从微笑服务开始的。不难看出，在生活中只有“微笑”的量是不够的，要努力提高“微笑”的质，创造出属于我们现代人的高品位的“微笑服务”与“微笑文化”。

中国古人说：“人无笑脸莫开张。”希尔顿的成功为这句话做了十分精彩的佐证，再将这句话引用一下，那就是“为人处世要微笑”。因为微笑是人类最好的表情，是一句世界通用语，是一把打开心扉的万能钥匙：教师对学生微笑，学生就会自信；护士对病人微笑，病人就会心情愉快；就连警察向犯错的哥微笑，的哥挨罚也愿意。在大街上，就是对素不相识的路人一个真诚的微笑，对方肯定会对我们微微一笑的。

医学专家告诉我们，笑是生命健康的维生素。笑的时候人体各部肌肉都处于活动状态，而停止笑时，这些肌肉又都处于松弛状态。肌肉紧张能引起疼痛，所以许多关节痛、风湿病及其他病痛患者可以从笑中获益。如果我们能经常保持微笑，就会使人看上去年轻、开朗、友善、亲近。

放弃那些让我们忧虑的人和事情，舒展一下自己的面部，微笑就是这么简单。只有让自己时刻微笑，我们才会令别人心情愉快、令自己充满自信和魅力。其实在我们送给别人微笑的同时，自己也会收到别人的微笑，一个笑可能帮我们展开一段难忘的情谊，成为我们事业的推进力。

笑是精神的阳光，没有阳光，万物都不可能生长。其实，生活中最廉价也最为珍贵的礼物便是笑，因为它让我们的生活充满阳光，身心愉悦。

## 6. 冲破自我设置的心理障碍

众所周知，作为万物之灵的人，既有生物属性，亦有社会属性，具有丰富的思想和感情，所谓“形具而神生，好恶喜怒哀乐藏焉”。因此，人既会患生理疾病，心理上同样也会出毛病，也就是心理障碍，这恰恰是我们最容易忽视的。

通常所说的“心理障碍”有一个比较广泛的定义，是指没有能力按照社会认为适宜的方式行动，以致其行为后果对本人或社会的不适应，通俗地说就是对社会正常生活的不适应。一个人心理障碍的严重程度就是他偏离社会生活规范的程度。

下面是一名高中生咨询心理障碍的实例。

我是一名中学生，在入学考试时，我曾以年级第二的成绩跨入重点中学的大门。在我的周围，有很多关心我的人，他们向我传授学习方法。在我的印象中，他们说得最多的一句话就是：“学习时一定要专心致志，集中注意力。”然而，他们的反复强调却使我背上了心理负担，我在学习时，总在关注自己注意力是否集中，适得其反，我的精力却无法集中，学习效果不佳。这种心理障碍像一个亲密的好朋友跟随着我，使我的成绩在走下坡路，如今，我早已不再是年级的佼佼者……

这名学生因为周围环境的改变和来自多方面的期望形成巨大的压力，过重的压力使自己怕让别人失望，从而产生了严重的忧虑。这种情况看起来好像很正常，但它却是一种心理障碍，如果长期不想办法克服，结果是不堪设想的。压力可以转化为动力，也可以转化成阻力，关键在于自己如何看待这一切。

面对这种情况，首先要学会自我调节和疏导，把压力化成动力。

努力想办法，使自己的内心平静。所谓关心则乱，是因为一直想着集中精神，出类拔萃，结果反而不能集中精力，起到相反的作用。既然越想越乱，索性就什么都不要想，让自己的心情和精神状态慢慢恢复，整理一下自己的心情，找回自信，然后分析一下自己的不足之处，制订相应的计划来改善，保持一个乐观良好的心态，尽力去做。另外，不要抱着太大的得失之心，更不要把成绩看得高于一切，找到适合自己的学习方法，发挥出自己最高的效率，还要懂得成绩不是全部，只有先做个充实快乐的自己，然后才是学习、工作、事业等。

再看下面这个例子，主人公因为严重的心理障碍，最终导致轻生的悲剧。

据《长江日报》一篇报道，土耳其最胖女人赛妮丝多年来屡次寻死失败后，终于于当月下旬在医院去世，死因不明。赛妮丝终年60岁，去世时体重350公斤。

另据“中央社”安卡拉18日电，多年来，赛妮丝试尽各种方法减肥，但都以失败告终。这使她精神严重沮丧，屡次寻死。18日上午，赛妮丝的丈夫帕克见妻子精神恍惚，恐怕有异，决定将妻子送往邻近一家私人医院。他为此请来消防队员帮忙，整整花了三个小时，将楼梯沿边的扶手全部割除，并焊掉底楼钢板大门，才将装在特大帆布袋里的妻子移送楼下，抬出大门。但在医院里，赛妮丝拒绝接受治疗，不断向家人表示已无生趣，只求安乐死。

文中的主人公塞妮丝就是患有典型的抑郁性心理障碍，这种心理疾病的主要表现是情绪低落、郁郁寡欢、悲观厌世、自我评价低，总以“灰色”的心情看待一切，内心体验多不幸、无助、无望，对什么也不感兴趣，甚至觉得活着没意思。这些归根到底都是忧虑所造成的，因为沉重的忧虑，才会形成悲观的心态，悲观的心态是一个旋涡，很容易扩散。

因此，我们需要充分认识到心理障碍的严重后果，更需要正确地看待心理障碍，进而努力冲破自我的心理障碍，最重要的还是要在根本上放弃忧虑和担心。

其实，一个人存在某方面的心理障碍或缺陷是普遍现象，只要不因此过分影响工作和生活，别人和社会也能接受这种障碍或缺陷，就没有去克服的必要。就像一个人的高矮胖瘦一样，我们完全可以很正常地看待这一切。胖人很羡慕苗条的身材，而瘦人也可能因为太瘦体质差而发愁。如果心理障碍或缺陷使本人感到痛苦并严重影响社会适应性，就应当努力克服。

实际上，克服心理障碍的最有效的方法就是扬长避短。扬长避短是自然法则，是顺应自然。某些生物仅依靠某一种“长处”能在亿万年的自然选择中得以生存，就在于它不断进化和完善自己的长处，比如蚯蚓割断身体、海参抛弃内脏，使它们都能够再生。人类的长处是大脑和思维，靠发达的大脑成为万物之王。如果我们的祖先天天只是为了打不过狮子、跑不过猎豹、游不过鱼类等“缺陷”而苦恼，那么根本就不会有现在文明发达的人类社会。就如急切地想克服社交恐惧的人，往往只看到别人的长处和自己的短处，他们羡慕那些口齿伶俐，在社交场合口若悬河、风度翩翩的人，并把注意力集中在自己“笨手笨脚笨嘴”的毛病上，而往往忽视了自己的笔头表达能力和逻辑思维能力。

每个人都有自己的优点，只有发现和利用这些优点，才能取得事半功倍的实效。如果只是致力于克服短处而不注意发挥优势，不仅没有取胜的机会，最后连优势也可能因为得不到充分的发挥而变成弱势。缺点的形成非一日之寒，融化它就非一日之功，一定要有进行持久战的心理准备。

因此，我们都应该全面认识自己，要同时看到自己的优点和缺点，努力发挥自己的优势，才能走出心理障碍，才能彻底放弃忧虑，才能获得健康而美好的人生。

## 7、患得患失是最大的悲哀

很久以前，有一对哥俩，在外面发了大财，身上背负许多金银珠宝返乡。途中遭到一群盗寇追杀，最后哥俩被一条河流拦住去路，不得已只能泅水渡河。

在岸边，老大望着湍急的水流对老二说："水流太急，游到水中时，若是觉得力不从心，就丢掉一点金银珠宝，继续向对岸游；若还感到体力不支，就继续再丢，保住自己的性命才是最重要的！"

老二听了点点头，此时，盗寇追踪而至，哥俩急忙纵身入水，向对岸泅渡。没多久，老二就觉得颇为吃力，于是扔掉一半背上的金银珠宝。到了水中央，老二仍感体力难支，无奈之下又把另一半也扔掉了。

老二筋疲力尽地上了岸，回头一看，老大还在离岸很远的水中挣扎，背上是沉重的珠宝，眼看就要沉下去了，此时，老二大喊："快扔掉金银珠宝！"

老大听到喊叫，也想解开背着的包袱，扔掉金银珠宝，可是，他已经没有解开包袱的力气，最终落了个葬身水底的悲惨结局。

文中的哥哥因为舍不得扔掉金银珠宝这些身外之物，当后来听到弟弟的提醒时已经晚了，最终落得个葬身水底的结局，他的丧命正是患得患失的结果。其实，在之前他还明确地对弟弟说要及时丢掉一些珠宝，可是当到了关键时候，他还是没有舍得丢掉这些东西，估计丧命前的一段时间对他来说也是极其痛苦的，因为他可能在考虑要不要丢弃珠宝，在得与失之间反复取舍，可是，还没有等到做出最终决定，性命已经不保了。

患得患失是人生最常见的心理隐患，是人生的精神枷锁，是附在人身上的阴影，而阴影的存在恰恰会挡住我们应该拥有的明媚阳光。生活中往往会有这样一些人，他们做什么事情之前都要反复考虑，做完之后又不能放心，对方方面面都考虑得尽量周到，如有不妥，就很担心把事情办砸，而且还担心别人对自己的看法不好，极其注重个人的得失，他们的忧虑不断，担心不断，这不是一般意义上的细心周到，而是一种心理疾病，他们被笼罩在患得患失的阴影之中不能自拔。这是最大的悲哀。

## 8、吸引力法则也是一种心理暗示

不要小看自我暗示，有的人能忍受严重的挫折而不灰心，有的人仅仅遇到一点困难就意志消沉，巨大的差别就在小小的心理暗示上。成功人士往往能够在失意时迅速地调整自己，使自己始终保持最佳状态。

自我暗示就是自动暗示，是人的心理活动中的意识的发生部分与潜意识的行动部分之间的沟通媒介。它是一种启示、提醒和指令，它会告诉我们注意什么、追求什么、致力于什么和怎样行动，因而它能支配影响我们的行为，是每个人都拥有的一个看不见的法宝。

自有人类以来，很多思想家和教育家都一再强调信心与意志的重要性，但他们都没有明确指出：信心与意志是一种心理状态，是一种可以用自我暗示诱导和修炼出来的积极的心理状态。成功始于觉醒，心态决定命运。

南禅寺以前住着一位老太太。她下雨天哭，晴天也哭，成年累月神情懊丧，面容愁苦，大家都叫她“哭婆”。南禅寺的和尚问她：“你怎么总是哭呢？”她边哭边回答：“我有两个女儿，大女儿嫁给了卖鞋的，小女儿嫁给了卖伞的。天晴的日子，我想到小女儿的伞一定卖不出去；下雨的天气，我又想到大女儿的鞋一定没人买，我怎么能不伤心落泪呢？”和尚劝她：“天晴时，你应该去想大女儿的鞋一定生意兴隆；下雨时，你应该想到小女儿的伞一定卖得很多。”老太太当即顿悟，破涕为笑。此后，她的生活内容没变，但由于观察生活的角度变了，便由“哭婆”变成了“笑婆”。

故事中那位和尚的建议就是两种不同的心理暗示，它会带来两种截然不同的情绪和行为。

我们大多数人的生活境遇，既不是一无所有，也不是事事如意。这种一般的境遇相当于“半杯咖啡”，不同的人面对这半杯咖啡，内心产生的念头是不一样的：消极的自我暗示是因为少了半杯而不高兴，情绪消沉；而积极的自我暗示是庆幸自己已经获得了半杯咖啡，那么就好好享用，因而精神振作，行动积极。

由此可见，心理暗示具有积极和消极的一面，不同的心理暗示必然会有不同的选择与行为，进而导致不同的结果。有人曾说："一切的成就，一切的财富，都始于一个意念。"一个人习惯于在心理上进行什么样的自我暗示，就是自己贫与富、成与败的根本原因。因而，我们必须强调，发展积极心态、走向成功的主要途径就是坚持在心理上进行积极的自我暗示，去做那些我们想做而又怕做的事情，尤其要把羞于自我表现，惧于与人交际，转变为敢于自我表现，乐于与人交际。

自我暗示的两种不同作用具有两种不同的力量，它会让我们鼓起信心和勇气，抓住机遇，采取行动，去获得财富、成就、健康和幸福；也同样会让我们排斥和失去，因此关键就在于我们选择使用哪一面。

威廉·丹佛斯是布瑞纳公司的总经理，据说他小时候长得瘦小羸弱，而且志向不高。

因此，每当他面对自己瘦弱的身体，信心就完全丧失了，而且心中还经常感到不安。直到有一天，他遇见了一位好老师，人生观才从此改变。

上课的第一天，老师便把威廉找来，对他说："威廉，我从你的自我介绍中发现，你有一个错误的观念，你认为你很软弱，如果你这样认为，那么你就会变得越来越软弱。今天老师告诉你，其实你是一个非常强壮的孩子。"

小威廉听到老师这么说，惊讶地问道："是吗？怎么可能呢？我怎么可能是强壮的孩子？"

老师笑着说："当然是了。来，你站到我的面前！"

只见小威廉乖乖地站到老师面前，并听着老师的指示："你看看你的站姿，从中就可以看出，在你心中只想着自己瘦弱的一面。来，仔细听老师的话。从现在开始，你脑海里要想着'我很强壮'，接着做收腹、挺胸的动作，想象自己很强壮，也相信自己任何事都能做到，只要你真的去做，也鼓起勇气去行动，很快你就会像个男子汉一样！”

当小威廉跟着老师的话做完一次后，全身忽然间充满了力量。

如今，他已经85岁了，依然活力十足，因为他一直遵循着老师的教诲，数十年来从未间断。

进行积极的自我暗示，既可以给自己灌输正面的意识，在改变自己的同时，也可以更加了解自己，对自己更有信心。就像故事里的小威廉，老师的引导唤起了他内在的勇气与活力，使他相信，只要“挺直腰”，世界就已经掌握在自己的手中。

深吸一口气，我们一定能感觉到身上一股潜在能量正在隐隐发威。唯有相信自己的无限可能，才能真正地超越自己，看见成功的未来。

某报刊登了这样一个故事，说的是作者去拜访一个有名的特级教师，恰遇教师正在为他孙子的学习成绩不好而着急。作者对教师安慰地说：“孩子还小，以后会有许多机会的。特别是小男孩，小时候的成绩并不能反映问题，干吗要这么着急呢？”

教师对作者说：“他的学习成绩不好，这本身其实并不重要，我搞了近四十年教育工作，有丰富的经验，待他上了高中以后，我拼命给他补补课，考上大学还是不成问题的。关键是他现在的成绩总是‘二流’，时间长了，他会在心里产生人也是‘二流’的感觉，这就会是大问题了。”

事实就是这样，一个人如果在各个方面长期比别人差，久而久之，就会觉得自己真的比别人差，使自己产生了人也是“二流”的心理。反之，一个人如果在许多方面长期比别人强，他就会认为自己就是强者，自己就是“一流”的，在以后的学习和生活中，就会继续保持自己的“一流”心态，从而使自己变得更加优秀。

某学校曾经做过这样一个实验：把水平相当的篮球队员分成三个小组，要求第一个小组停止练习自由投篮一个月；第二个小组在一个月中，每天下午在体育馆练习一个小时投篮；第三个小组在一个月中，每天在自己的想象中练习一个小时投篮。结果，第一组投篮水平下降

2%，第二组投篮水平上升 2%，第三组投篮水平上升 4%。

为什么想象中的练习反而比现实中的练习的提升率还高呢？原因很简单，这就是心态在起作用，因为在想象中，所投的每一个球都是命中的，这也就是积极自我暗示的伟大力量。

著名特级中学教师魏书生老师，他就要求他所教的每一个学生书桌里必放一本伟人传记，有时上课还让学生集体进行“精神充电”，即全体起立，在意念上想象自己最崇敬的人，想这位伟人是如何面对学习，面对工作的。接着想自己进入最崇敬的人的角色，自己就是这个人，就像演员饰演伟人一样，自己来扮演伟人的角色。自己的音容笑貌、举手投足、为人处世，都和自己最崇敬的人一样。想得越逼真、越形象、越生动、越细致，精神充电就越成功。正因为魏书生老师懂得积极自我暗示的重要性，所以他要求学生必须学会自我暗示，并贯穿在他们的学习过程中，因此，取得了很大的成就。

学会积极的自我暗示，让“放弃、不可能、办不到、没法子、成问题、行不通、没希望……”这类消极的字眼从自己的字典里彻底消失，让“我能行、我能赢、我是最优秀的”这类积极字眼紧紧陪伴在自己身边。

德国最近有一项研究发现，从生理学角度进一步印证了医学上的安慰剂效应，即心理暗示对于病人潜在的积极影响。从心理学角度讲，暗示是指以言语或非言语的，简单的或复杂的方式，含蓄地、间接地或是直接地对别人的心理和行为产生影响。当暗示发生时，虽然我们只能看到生理或化学反应，但首先是人的心理反应或精神性反应，然后基于这个反应才引起生理的反应。积极的暗示可帮助被暗示者稳定情绪、树立自信心，战胜困难和挫折，消极的暗示却能对被暗示者造成不良的影响。

当人们了解心理暗示的功能后，就应该相信心理暗示在很大程度上是可以自我调控的。因为经常进行积极的心理暗示，长期坚持，就能自动进入潜意识，影响意识。

科学研究和众多的实例表明，坚持心理上积极的自我暗示，对个人的成长和成功都是非常重要的。所以在日常生活中，我们要放弃那些不必要的忧虑，并时常给自己进行积极的心理暗示，只有这样才能拥有快乐而成功的人生。

## 9、遇事要有正能量的心态

心态就像磁铁，不论我们的思想是正面的还是负面的，我们都会受它的牵引。而思想就像是轮子，使我们朝一个特定的方向前进。虽然我们无法改变人生中的许多东西，但我们可以改变自己的人生态度。一个积极乐观的人看到的永远是成功的一面，而悲观失望的人看到的总是失败的一面；积极乐观的人总是看到阳光明媚，而沮丧的人只能看到阴霾和暴风雨。

一个人如果总是有饱满的热情和积极向上的心态，他会用非常开放的心态去看待生活，在工作中他就容易得到更多的机会，在尝试其他职业的时候也不会感到恐惧和不适应，而且具备这种心态的人从事新职业往往会获得更大的成功。

从某种程度上说，我们具备了积极心态，我们的生活就会充满明媚的阳光，自己也充满活力，可以充分释放蕴涵在体内的能量，我们的潜能就能得到最大化的发挥。所以说积极心态与一个人的成功有很大关系。

我们必须承认这样一个事实，在这个世界上成功卓越者少，而失败平庸者多，成功卓越者活得充实、自在、潇洒，而失败平庸者过得空虚、艰难、猥琐。

为什么会这样？仔细观察，比较一下成功者与失败者的心态，尤其是关键时候的心态，我们就会发现心态才是导致人生截然不同的关键因素。

在推销员中，广泛流传着一个这样的故事：两个欧洲人到非洲去推销皮鞋。由于炎热，非洲人向来都是打赤脚。第一个推销员看到非洲人都打赤脚，立刻失望了。“这些人都打赤脚，怎么会买我的鞋呢？”于是放弃努力，失败沮丧而回。

另一个推销员看到非洲人都打赤脚，惊喜万分：“这些人都没有皮鞋穿，这皮鞋市场大得很呢！”于是想方设法，引导非洲人购买皮鞋，结果发大财而归。

面对同样的非洲市场，由于一念之差，一个人灰心失望，不战而败；而另一个人信心满怀，大获全胜。这就是心态的巨大力量。

卡耐基曾经讲过这样一个故事，对我们每个人都有启发：

塞尔玛陪伴丈夫驻扎在一个沙漠的陆军基地里，丈夫奉命到沙漠去军事演习，她一个人留在陆军的小铁皮房子里，天气热得受不了。没有人和她聊天，周围只有墨西哥人和印第安人，而他们不会说英语。她太难过了，就写信给父母，说要丢开一切回家。她父亲的回信只有两行，这两行信却永远留在她心中，完全改变了她的生活。那就是：“两个人从牢中的铁窗望出去，一个看到泥土，一个却看到星星。”

塞尔玛一再读这封信，觉得非常惭愧。她决定一定要在沙漠中找到星星。塞尔玛开始和当地人交朋友，他们的反应使她非常惊奇，她对他们的纺织、陶器充满兴趣，他们便热情地把舍不得卖给观光客人的纺织品和陶器送给了她。塞尔玛研究那些仙人掌和各种沙漠植物，又学习有关土拨鼠的常识。她观看沙漠日落，还寻找海螺壳，那些海螺壳是几万年前沙漠还是海洋时留下来的……原来难以忍受的环境变成了令她兴奋、流连忘返的奇景。

是什么使塞尔玛内心有了这么大的转变？沙漠没有改变，印第安人也没有改变，是她自己的念头改变了，心态改变了。一念之差，使她把原先认为恶劣的情况变为一生中最有意义的冒险。她为发现新世界而兴奋不已，并为此写了一本书，以《快乐的城堡》为书名出版了。她从自己造的“牢房”里看出去，终于看到了星星。

人生中的很多困难和挫折是容易解决的，只需要我们换种角度，换个心态，就会有另外一种光景。面对人生的烦恼与挫折，最重要的是摆正自己的心态，积极面对一切。纳粹集中营的一位幸存者维克托·弗兰克尔说过：“在任何特定的环境中，人们还有一种最后的自由，就是选择自己的态度。”

成功人士与失败人士的差别在于成功人士有积极的心态，他们始终用积极的思考、乐观的精神支配和控制自己的人生；而失败人士面对人生则运用消极的心态，他们受过去的种种失败与忧虑所引导和支配，他们空虚、悲观失望、消极颓废，最终走向了失败。因此，成功学的始祖拿破仑·希尔说，一个人能否成功，关键在于他的心态。

保持一种积极心态，可以在很大程度上激发一个人的潜能。

个人的潜在能力是无限的，一般人只是发掘了一部分而已，比如一个文盲，如果他能保持一种积极的心态，他就会开始学习一些文化知识。如果他曾经读过一些书并能保持积极心态的话，他就能学到一些科学知识，他也可能是一个技术工人，如果他一直保持这种积极心态，那么他就会读更多的书，也就可能是一个高级技工或管理者，比如工程师、医生、经理或市长，到最后，如果他掌握了足够的知识，那么他可能是一个对国家举足轻重的科学家。

相反，一个国家举足轻重的科学家，如果他的心态是一种消极的甚至是颓废无为的，那么他就不可能做出对社会有用的贡献。长此以往，就会成为一个对社会无用的人，社会也将抛弃这种人，到最后，他的生活可能还比不上那个一直保持积极心态的文盲。

积极的心态能挖掘一个人的潜能，而消极的心态能埋没一个人的才能，一个人要想让自己生活得更好，首先就得让自己的心态处在一种积极活跃的状态。因此，我们在平时要注意培养自己的积极心态，不仅可以使我们摆脱过分的忧虑，还能挖掘自己的才能，早日实现人生的理想。

# 第七章　舍弃平庸

——可以平凡但不能平庸

平凡与平庸，是生活的两种状态。因为我们有理想、有追求，所以我们平凡但不平庸。平凡不是错误，我们大多数的人都是平凡的，但那不是我们一生平庸的理由，也不是我们没有出类拔萃的借口。平庸的理由可以有千万条，而杰出的原因只需要一点，那就是不甘平庸。

## 1、远大目标是最大的动力

美国一些大公司的企业主管在录用新职员时通常会说："你要不断进取、发挥才能，否则将会被淘汰。"竞争激烈的现代社会对职员的要求就是这样，突破现状、树立目标、不断进取是事业成功的必备条件，也是时代发展的必然要求。

拿破仑说过，不想当将军的士兵不是好士兵。试想一个从来没有想过要当将军的士兵能当上将军吗？大约他永远只是一个士兵，并且还称不上是好士兵。因为没有一个远大的目标做支撑，他就会得过且过，对自己的要求往往是最低标准，这样又怎么能成为一名优秀的士兵呢？

如果不放弃这种平庸的意识，那么就无法书写精彩的人生。意识对行动起能动作用，远大目标可以引导行动，从而努力向着目标前进，才有取得成功的可能。每个人活在世上，都应该有远大目标。目标在某种程度上决定自己一生成就的大小。志高千里的人绝不会自甘平庸，甘心做下人的人永远成不了主人。因此，人一定要树立远大目标，并为之不断进取，才有可能取得事业上的成功，从而摆脱平庸。

被称为“投资大王”的沃伦·巴菲特，在1956年就宣布自己要在30岁以前成为百万富翁，“如果实现不了这个目标，我就从奥马哈最高的建筑物上跳下去。”

目标定下来以后，家人给他凑了一些钱，成立了巴菲特有限公司。此后在不到一年的时间内，他就拥有了五家合伙公司。当了老板的巴菲特竟然整天躲在奥马哈的家中，埋头在资料堆里。

他每天只做一项工作，就是寻找低于其内在价值的廉价小股票，然后将其买进，等待价格上升。

1957年，巴菲特掌管的资金达到30万美元，到年底则升至50万美元。1962年，巴菲特合伙人公司的资本达到了720万美元，其中有100万美元是属于巴菲特个人的。当时他将几个合伙人企业合并成“巴菲特合伙人有限公司”。最小投资额扩大到10万美元。1964年，34岁的巴菲特个人财富达到400万美元，而此时他掌管的资金已高达2200万美元。

1994年，巴菲特领导的公司已经发展成拥有230亿美元的伯克希尔工业王国，巴菲特的梦想已经变成了一个庞大的集团。

巴菲特的成功就得益于他有远大的目标，目标促使他时刻记得努力，不断进取，目标成为他事业发展的主要动力。

目标远大会给人以创造性的火花，使人有可能取得巨大成就。正如约翰贾伊·查普曼说的：“人类历来最敬仰的是目标远大的人，其他人无法与他们相比，比如贝多芬的交响乐、亚当·斯密的《国富论》，以及任何人类伟大的精神遗产，你热爱他们，因为这些东西不是做出来的，而是他们的真知灼见发现的。”

树立远大目标对人生的发展有重要作用，但在设定目标时还有一个重要的原则，那就是目标要有足够的难度，初看似乎不易完成，可是又有足够的吸引力，使自己愿意全心全力去完成。当有了这个目标，再加上必然能够达成的信念，那么就成功了一半。

汽车大王福特曾说过："一个人若自以为有许多成就而止步不前，那么他的失败就在眼前。"

"只要安稳地过一辈子就行了，不必赚太多的钱。"假如我们被这种念头占据，那么，恐怕连这样的目标也实现不了，因为满足现状是甘于平庸的表现，会让人失去奋斗拼搏的勇气。不愿意过单调平庸的生活，追求高质量充实的生活，这种念头是引导我们奋发向上的最佳动机，这并不是鼓励欲壑难填或贪得无厌，而是鼓励我们尽可能创造更多的价值，充分发挥自己的能力。

远大的目标就是推动人们前进的梦想。没有远大的目标，就没有崇高的使命能给我们希望。道格拉斯·勒顿说："你决定人生追求什么之后，你就做出了人生最大的选择。要能如愿，首先要弄清你的愿望是什么。"有了远大的目标，我们就看清了自己想取得什么成就。有了目标，我们就有一股无论顺境逆境都想勇往直前的冲劲，目标使我们摆脱平庸的人生，追求自己理想的生活。

## 2、珍惜时间法则

"你热爱生命吗？那么别浪费时间，因为时间是组成生命的材料。"富兰克林说。

时间就是金钱，是一种不能再生的特殊资源，一切节约归根到底都是时间的节约。

浪费时间是我们大多数人的一个共同毛病，因为在我们眼里，时间根本算不得什么，这其实也是我们之所以平庸的原因。对于我们常人来说，要想摆脱平庸，就必须比别人多花费时间，只有赢得了时间，才能取得成功。

下面这个“一生磨一镜”的故事，可能会让我们每个人大吃一惊。

在荷兰一个小镇，一个刚初中毕业的青年农民找到了一份在镇政府当门卫的工作。他在这个岗位上一直工作了六十多年，他一生没有离开过这个小镇，也没有再换过其他工作。

也许是工作太轻闲，他又太年轻，他想打发时间，但骨子里又不愿意空耗时间。于是，他选择了费时又费工的打磨镜片当自己的业余爱好。就这样，他不停地磨，一磨就是六十年。他是那样的专心细致和锲而不舍。他的技术已经超过专业技师了，他磨出的复合镜片的放大倍数，比专业技师的都要高。

借着他研磨的镜片，他终于发现了当时科技尚未揭晓的另一个广阔的世界——微生物世界。

从此，他声名大振，只有初中文化的他，被授予了在他看来是高深莫测的巴黎科学院院士的头衔。就连英国女王都亲自到小镇拜会过他。

创造这个奇迹的就是科学史上鼎鼎有名的活了 90 岁的荷兰科学家万列文·虎克，他利用每一分钟时间把手头上的每一个玻璃片磨好，用尽毕生的心血，终于他在时间中看到了他的上帝。

用六十年时间来换取一个伟大的发现，人们都会说：“值！”但是真的要我们花上六十年，哪怕是六年时间来专注于某件事情，我们都会发觉那是很难做到的。实际上，一辈子能做好一件事也并不是一件容易的事。

成大事者都是十分珍惜自己的时间，他们无不设法回避那些消耗他们时间的人，希望自己宝贵的光阴不要因为别人而多浪费一刻钟。

在富兰克林报社前面的商店里，一位犹豫了将近一个小时的男人终于开口问店员了：“这本书多少钱？”“一美元。”店员回答。“一美元？”这人又问，“你能不能再便宜点？”“它的价格就是一美元。”没有别的回答。

这位顾客又看了一会儿，然后问：“富兰克林先生在吗？”“在。”店员回答，“他在印刷室忙着呢。”“那好，我要见见他。”这个人坚持要见富兰克林。于是，富兰克林就被叫了出来。这人问：“富兰克林先生，这本书你能出的最低价格是多少？”“一美元二十五分。”富兰克林不假思索地回答。“一美元二十五分？你的店员刚才还说一美元一本呢。”“这没错，但是，我倒情愿给你一美元，但我也不愿意离开我的工作。”

这位顾客惊异了，他心想，算了，结束这场自己引起的谈话吧，他说：“好，这样，你说这本书最少要多少钱吧。”“一美元五十分。”“又变成一美元五十分？你刚才不是说一美元二十五分吗？”“对。”富兰克林冷冷地说：“我现在能出的价钱就是一美元五十分。”

这人默默地把钱放在柜台上，拿起书出去了。这位著名的物理学家和政治家给他上了终生难忘的一课：对于有志者，时间就是金钱。

人的生命是有限的，因而时间就显得弥足珍贵。有志者都是非常吝啬时间的，因为对他们来说，时间就是金钱，时间就是效率，时间就是成功的砝码。所以我们不仅要懂得好好利用自己的时间，同时也要好好珍惜别人的时间。

商人是将时间利用得最好的，他们最可贵的本领就是与人进行任何交往都简捷迅速，这是成功者的证明书。善于应对客人的商人，都会在接到来客名单之后，就事先预定要花多少时间。

老罗斯福就是这样一个模范人物。当一个久别重逢只求会见一面的客人到来时，他总是在握手寒暄之后，便很抱歉地说，他还有许多别的客人要接见，这样一来，来客就会很简洁地道明来意，很快告辞而返了。

有不少实力雄厚、目光远大、吃苦耐劳的大事业家，都是沉默寡言而办事迅速敏捷的人，他们所说出来的话，句句都是确切而直达目的，他们从不多耗费一点一滴的宝贵时间。

现代商界中，与人洽谈生意，能利用最少时间产生最大效力的人，我们会首先想到美国银行大王摩根。他每天上午九点半来到办公室，下午五点下班。

有人计算他每分钟的收入是20美元，据说按照他自己的统计还不止此数。除了与和生意有关的重要人接洽外，他从来不与人交谈超过五分钟。

他总是在一间宽敞的办公室里，与无数工作人员一同工作，而不像许多商界要人，只和他的秘书在一个房间里。他随时都在指挥手下的员工，依照他的计划行事。如果没有要紧的事，他绝对不欢迎任何人来访。

摩根有卓越的眼力，他能够猜测一个人来洽谈什么事情。别人对他说话，一切转弯抹角的手段都会失去效力，这样为他节省了许多宝贵的时间，对于没有什么重要事情，只是为了想找个人谈天，而去耗费工作繁忙的人许多宝贵光阴的人，摩根是不能容忍的。

我们每个人最宝贵的财产就是自己手中的时间，好好地安排时间，就是对自己财产的打理；好好地利用时间，也是我们摆脱平庸、赢得成功的重要途径。

## 3、不管你做什么，要爱上自己的工作

工作不仅仅是谋生的手段，也是积聚力量、施展才华的舞台，更是实现一个人自我价值的主要途径。通过工作，我们拥有了技能、经验、财富等，并过上幸福的生活。

曾任汽车售票员的李素丽，就懂得这个道理。当别人问李素丽："难道你真的不觉得工作很烦很累吗？"李素丽说："做什么都会累，关键是你要把工作当乐趣，那么工作就会越做越好。如果你找到工作的乐趣，那么，再苦再累也是心甘情愿的。"

是否平庸的关键不在于工作内在的性质，而在于人们从事这些工

作的动机、热情和兴趣。如果是用从内心深处涌出的激情从事工作，就一定能做出出色的工作，否则只能导致平庸。

事业成功的人都是从心底里热爱自己工作的人，因为只有热爱，对工作才能有激情、有兴趣，才可能把它做好。相反，平庸的人往往面带一种愠怒厌世的情绪，他们不喜欢自己的工作和生活的环境，也不会做好自己的工作。

爱迪生说："在我的一生中，从未感觉在工作，一切都是对我的安慰……"

松下幸之助说："人生的最大生活价值，就是对工作有兴趣。"

有一位女职员虽然能胜任并完成每天的工作，但是她无论走到哪里，都牢骚满腹。她贬损老板，埋怨同事，认为工作就是浪费时间。在两年内她已经五次失去工作，却仍未从任何人那儿获得有益的经验。

聪明的人不会和别人这样谈论自己的老板和公司："我每天都要应付那些我不愿做的事，为什么一定要给那个讨厌的工头干活？老板一点也不了解我、信任我。"试想，我们对一份工作没有兴趣，对上司不喜欢，甚至是讨厌，那么我们是不会做好它的，更不必说事业成功了。因为当工作对自己是一种煎熬时，我们每时每刻就是在盼着马上解脱，所以就不可能将激情投入工作之中了。

歌德说："如果工作是一种乐趣，人生就是天堂。"如果我们对工作、对事业高度热爱，就不仅能喜爱自己有兴趣的事，而且能喜爱上自己不得不做的事，等于一辈子都生活在幸福中。

一家报纸曾举办一次有奖征答活动，题目是"在这个世界上谁最快乐"，获奖的答案是"正从事着自己喜爱的工作的人是最快乐的"。追求快乐与事业成功非但不矛盾，而且是和谐统一的。对工作有乐趣，就可以得到快乐，事业成功了，可以得到更大的快乐。正如埃及著名作家艾尼斯·曼苏尔所说："事业成功本身，便是一种最大的快乐，最大的幸福，最大的力量。"因此可以说，我们追求事业成功，其实就是追求最大的快乐，而这个快乐的创造者首先是我们自己。

日本国土狭小，资源匮乏，在第二次世界大战后却能够迅速崛起。经过几十年的发展，如今，日本的汽车制造业已经严重威胁到美国；光学仪器和照相机威胁到德国；制表业威胁到瑞士；动画和游戏机更席卷世界市场。这主要归功于日本人工作认真，而且多数人会在工作中自寻趣味，对工作抱着积极的态度，因此生产出来的东西得到世界消费者广泛的认可。

日本人为什么能对工作抱积极的态度呢？中谷彰宏说："工作有趣与否，不在于工作本身是否有趣，而在于你有没有热诚勤奋地去做你的工作。再枯燥无味的工作，努力去做，也会变得有趣；再有趣的工作，慢吞吞、兴味索然地做，都会变得无趣。不信你把自己装成慢吞吞、没有兴趣的样子，去玩游戏机看看。"如此说来，日本人其实是非常懂得工作哲学的，我们可以在这方面向日本人学习。

日本的成功崛起就得益于他们懂得工作哲学，能从工作中找到乐趣，工作的同时就获得了快乐，所以工作也就不再那么枯燥、乏味。

一位著名的金融家曾说："一个银行要想赢得巨大的成功，唯一的可能就是，它雇了一个做梦都想把银行经营好的人做总裁。"本来是枯燥无味、毫无乐趣的职业，一旦投入了热情，立刻就会呈现出新的意义。一个充满热忱的年轻人，他的感觉也会因之变得敏锐，可以在别人看不到的地方发现动人的美丽，这样，即使再乏味的工作、再艰难的挑战，都可以承受下来。如果能把工作趣味化、艺术化、兴趣化，就可以把工作轻松愉快地做好，而不会觉得辛苦。

学会从工作中获得乐趣，即在苦中也能寻乐，那是快乐人生的又一秘诀。心中充满快乐时，自然感到自己的工作也有趣。这里介绍几种可以从工作中获得乐趣的方法。

（1）把不同的工作看得同样伟大。一位教师上好一节课，并不逊于一个导演编排一出精彩的戏剧；一个运动员在比赛中完成一次完美的动作，可以与十四行诗那样的作品相媲美，并且可以获得同样的精神感受。

（2）把工作看成是自我满足。为了自我满足而从事的活动是一种乐趣，且从不考虑是否劳累，比如一位产科大夫似乎心情不错，因为他刚刚接生了第100名婴儿；一名足球运动员也因他刚刚踢进第10个球而欣喜若狂。

（3）把工作看成是艺术创作。有一次，一位教授指着一位正在附近挖排水沟的工人赞赏地说："那是一个真正的艺人。看看那些污泥竟能以铁锹上的形状飞过空中，恰好落到他想让它落的地方。"现实中的各项工作都可以成为一种具有高度创造性的创作，假如每个人都能把自己的工作当成艺术创作，那么简单的生活将会变得丰富多彩。

（4）把工作变为娱乐活动。把工作看作娱乐，就能把工作看作消遣。娱乐是乐趣，而工作是"必做"的。假如自己是职业足球员，如果把注意力放在娱乐上，就可以和业余足球员一样，更加投入地参加比赛。

如果我们不能选择自己更喜欢的工作，就要尽力喜欢目前的工作，从内心喜欢自己的工作。詹姆斯·巴里说过："幸福的秘密不在于你喜欢做的事情，而在于喜欢你做的事情。"工作是人生的根本，也是幸福的基础。

卡耐基指出，正确的思想，会使任何工作都不再那么讨厌。每种工作都有它的艰辛和幸福，只是个人对工作的态度有所不同罢了。如果我们以积极上进的态度去面对工作，我们将会感到工作着就是幸福的，工作着就是快乐的。

有人说，老板要我们对工作感兴趣，他才好赚更多的钱。但是我们何不忘掉老板想要什么，而只是想着对工作感兴趣，对自己有好处，这样才可能使自己从生活中获得加倍的快乐。不断提醒自己，对自己的工作感兴趣，可以转移我们的忧虑思想，还可能带来晋升和加薪的好机会。即使不这样，也可以把疲乏减至最低程度，并帮助我们享受自己的闲暇时光。

人的一生有三分之一的时间在工作。因此，如果想要放弃平庸，必须要喜欢自己的工作，并能从中找到快乐。我们工作，不仅仅是为了维持基本生活，也为了使生活有重心，对社会有贡献，使生命有价值，更为了我们内心的安宁和充实。

放弃平庸的主要路径之一是，努力喜欢自己的工作，每天保持对工作的兴趣，能够有持久的热忱，并能将每一天看得同样重要。

## 4、相信梦想的力量

一个人要想摆脱生存困境，改变人生命运，必须要有远大梦想，因为只有敢想，才能敢做，敢做才会有成功的可能。

在很早的时候，人类就有一个梦想，希望可以像鸟儿一样遨游天空，自由自在地飞翔，为此人类做出了不懈的努力。

希腊神话中就有伊卡罗斯和戴达罗斯父子粘羽毛飞天的故事，他们以为装上个翅膀就能实现飞上蓝天的梦想。结果一个摔断了胳膊，一个为此献出了生命。

因为没有考虑人的身体太重这个因素，他们做的翅膀远远不能承载身体的重量，由此也酿出了一系列的悲剧，再加上限于当时的科学条件等种种因素，人们飞上蓝天始终只能成为一个美丽的梦想。然而人类始终没有放弃这个美丽的梦想，直到美国莱特兄弟的出现，终于把人类的这个梦想变成了现实。

莱特兄弟一直希望实现人类自由飞翔的梦想。他们在童年时代就利用邻居店里的坏车，改制成可以使用的人力运货车。1894 年，他们开设了一家自行车店，改装和修理自行车。这时候，德国的奥托·里林达尔试飞滑翔机成功的消息，更坚定了他们的梦想，使他们立志飞行。

1896 年，里林达尔因驾驶滑翔机失事身亡。这个消息对莱特兄弟来说无疑是个打击，但他们依旧没有放弃梦想，而是促使他们把注意力集中在飞机的平衡操纵上面。为此，他们还特别研究了鸟的飞行，首先观察老鹰在空中飞行的各种动作，然后一张又一张地画下来，之后才着手设计滑翔机。此外，他们还深入钻研了当时几乎所有关于航空理论方面的书籍。这个时期，航空事业连连受挫：飞机技师皮尔机毁人亡，重机枪发明人马克沁试飞失败，航空学家兰利连机带人摔入水中等，这使大多数人认为依靠自身动力的飞行是完全不可能的。而莱特兄弟却始终没有放弃努力，他们坚信自己的梦想能够实现。

1900 年 10 月，莱特兄弟终于成功设计了第一架滑翔机，并把它带到离代顿很远的吉蒂霍克海边，这里十分安静，周围既没有树木也没有民房，而且这里的风力异常大，非常适宜放飞滑翔机，他们决定在这里开始进行滑翔飞行试验。

1900 年至 1902 年期间，莱特兄弟除了进行 1000 多次滑翔试飞之外，还自制了 200 多个不同的机翼进行上升次风洞实验，修正了里林达尔的一些错误的数据，设计出了较大升力的机翼截面形状。

1903 年，莱特兄弟制造出了第一架依靠自身动力进行载人飞行的“飞行者 1 号”。12 月 14 日至 17 日，“飞行者 1 号”总共进行了 4 次试飞，地点在美国北卡罗来纳州基蒂霍克的一片沙丘上。第一次试飞由奥维尔·莱特驾驶，共飞行了 36 米，留在空中的时间为 12 秒。第四次试飞由韦伯·莱特驾驶，共飞行了 260 米，留在空中的时间是 59 秒。

这架在航空史上具有非同寻常意义的飞机，现在依然陈列在美国华盛顿航空航天博物馆内。莱特这对传奇式的兄弟，真正实现了人类能够翱翔蓝天的梦想，他们也因此被世人永远记住和怀念。

莱特兄弟的成功源于他们坚持自己的梦想，如果他们没有飞上蓝天的梦想，没有一直坚持，没有为此不懈努力，都是不可能实现梦想的。如果轻易放弃梦想，那么，梦想只能是梦想。

只有坚持到底，梦想才可能变成现实。只有无论如何都不放弃梦想的人，才可能让自己告别平庸，美梦成真。许多人之所以平庸一生，并不是没有梦想，而是太容易放弃。

一位哲人说：“你的梦想就是你的主人。”梦想是深藏在人们内心最深切的渴望，是成功的原动力，梦想能激发一个人命运中的所有潜能。梦想不是理性的计算，而是一种情绪状态，这种情绪状态是以热情的方式展示的，这种热情可以让自己创造出无法想象的奇迹。

人是不能没有梦想的。试想我们连想都不敢想或不去想的事，肯定是不会去做的，不会做也就不会有成就。一般情况下，一个人所做的事是不会超过他的梦想的。

所以梦想对每个人来说都是必需的，有梦想并坚持不懈努力，才有可能成功。

事实上，人和人的差别不过是那么一点点，然而这细微的差别却有着截然不同的结果。在失败中，大部分人其实是自己放弃了成功的希望，而不是被别人打败的。他们的人生被过去的种种失败和疑虑所引导和支配。

而成功者正相反，他们始终充满乐观的精神和积极的思考，他们永远有梦想，并且能够坚持不懈。

美国著名发明家爱迪生 20 岁出头开始研究电灯，历时十余年，他先后选用了竹棉、石墨、钼等上千种不同物质作灯丝材料进行试验。他工作起来经常通宵达旦，功夫不负有心人，最终找到钨丝做电灯材料。这一发明，对人类的发展具有划时代的意义。爱迪生的成功与坚持梦想是紧密相连的，坚持梦想需要一千次跌倒，还要一千零一次地爬起来的勇气。

雨果曾经写下了这样的诗句："没有比梦更能实现未来的了，今天先有个骨架，明天便可以加上肉及血。"人因为有梦想而变得伟大，因为没有梦想而变得渺小，这就是成功者和失败者非常重要的一个分水岭。要想真正实现梦想，摆脱平庸，必须拥有梦想，并为之坚持不懈。

## 5、苦难是飞翔的垫脚石

每个人的人生中都充满了苦难。人是从苦难中成长起来的，唯有把苦难当作垫脚石，乐观奋斗，才能得到人生中最珍贵的财富。

有一个女孩，很小的时候就有一个梦想，做一名出色的滑雪运动员。然而，不幸的是她竟患上了骨癌，为了保住生命，她被迫锯掉了右脚。后来，癌细胞扩散，她又先后失去了乳房及子宫。

接二连三的厄运降临到她的头上，却从来没有使她放弃心中的梦想，她一直都告诫自己："我要对自己的生命负责，决不轻言放弃，我要向逆境挑战。"

她没有被病魔打倒，相反，她以顽强的斗志和坚韧的毅力，排除万难，成为滑雪运动员，还为国家创下多项世界纪录，其中包括1988年冬奥会的冠军，并在美国滑雪锦标赛中先后赢得29枚金牌。后来，她还成为攀登险峰的高手。她就是美国运动史上极具传奇色彩的著名滑雪运动员——戴安娜·高登。

人生路上，有顺境，但更多的是逆境。对某些人来说，逆境是学校，厄运是老师。逆境能激发一个人的斗志，把蕴藏的潜力尽情地释放，把逆境演变成一个人奋发进取的舞台。古语说得好，"自古英雄多磨难，从来纨绔少伟男""忧劳可以兴邦，逸豫足以亡身"。

但厄运并非总是财富，就像并非每一个身处逆境的人都能像戴安娜·高登那样把苦难作为通向成功的垫脚石。正如巴尔扎克所说："世界上的事情永远没有绝对的，结果完全因人而异。"苦难对于强者是一块垫脚石、一笔财富，对弱者则是一个绊脚石。

的确，我们无法改变昨天的事实，但今天的人生态度决定我们明天的人生轨迹。苦难激发人的潜能，把苦难当作一块成功的垫脚石，在黑暗的尽头，我们将看见光明。

洪战辉是河南省周口市东下镇洪庄村人，12 岁那年他小学毕业时，他的家庭发生了改变，患有间歇性精神病的父亲从外面带回了一个弃婴。

家里太穷，负担不起哺育女婴的花费，母亲让洪战辉把女婴送人。洪战辉不忍心，就把女婴留下了，并给她起名为洪趁趁，小名“小不点”。

由于父亲患病，家庭的重担全部压在目不识丁的母亲身上，她还经常遭受父亲无缘无故的毒打。

1995 年秋天的一天，母亲忍受不了家庭的重担、丈夫的拳头，选择了逃离。

母亲走了，父亲是病人，刚刚满 1 岁的妹妹怎样才能带大？沉思许久，洪战辉告诉自己：既然一切已无法改变，那就承担吧。

那时候家里太穷，为了买奶粉养妹妹，洪战辉从小就做起了小贩，在附近的集市上，冬天卖鸡蛋，夏天卖冰棍。实在没钱的时候，有时就带着妹妹到有小孩的人家借口奶吃。他还想着给妹妹补充营养，最多的时候，是上树掏鸟蛋给妹妹做鸟蛋汤，为此，他不止一次从树上摔下来。

从高中起，他就带着妹妹上学，他利用假期里打工所挣的钱交了学费，还在校园里利用课余时间卖起了学习书籍。就在进入高二时，父亲的病情恶化了，必须住院治疗。于是，洪战辉只得休学挣钱为父亲治病。

怀着不屈的信念，经过不懈的拼搏，2003 年 7 月，洪战辉考取了湖南怀化学院。课余时间里，洪战辉在校园里卖过电话卡，为电视台拉过广告，还给一家电子经销商做销售代理，目的就是想挣钱带着失学在家的妹妹一起来上学。

他携妹求学十二载的故事，经全国多家媒体报道后，已成为社会关注的焦点，不断有人表示愿意捐款，以帮助他抚养妹妹。令人意想不到的是，洪战辉发表了一封公开信，在这封信里，洪战辉在向关心他与妹妹的人表示感谢的同时，明确提出他可以养活自己和妹妹，不需要任何社会捐款。“因为我觉得一个人自立、自强才是最重要的。苦难和痛苦的经历并不是我接受一切捐助的资本。我现在已经具备生存和发展的能力。这个社会上还有很多处于艰难中而又无力挣扎的人们，他们才是需要帮助的！”

面对再大的苦难，洪战辉自始至终不放弃追求，不屈服于现实，虽然饱受着肉体上的折磨，但很大程度上保持了心灵的平静，这正是一个自尊、自重、自强、自爱的人面对苦难的人生态度。

苦难中能够保持镇静，是常人很难达到的一种人生境界。直面苦难，不怨天尤人，不牢骚满腹，将苦难看作生命中的一种磨砺，无疑需要很大的勇气。一旦我们超越了苦难，战胜了苦难，我们所获取的必定是重新微笑面对生活的机会。

人的一生难免会遭受很多苦难。无论是与生俱来的残缺，还是惨遭生活的不幸，但只要我们敢于面对生活的苦难，自强不息，就一定会赢得掌声，赢得成功，赢得幸福，苦难也就成了我们人生发展的垫脚石，它可以垫起我们人生的高度。

温室的花朵经不起风吹雨打，而饱受寒风摧残的苍松却可以屹立在严冬里。最宝贵的财富往往在苦难过后才能得到，正如孟子所言：“天将降大任于斯人也，必先苦其心志，劳其筋骨，饿其体肤。”永远生活在安逸环境里的人，从未经历过苦难，很难铸就坚强的精神，也很难在竞争的社会现实中脱颖而出。

罗曼·罗兰曾经说过：“痛苦像一把犁，它一面犁碎了你的心，一面掘开了生命的起点。”要想告别平庸，成为一个有所作为的人，就要有永不绝望的信念，人总在挫折中学习，在苦难中成长，让我们记住这句话：雄鹰的展翅高飞，是离不开最初的跌跌撞撞的。

在漫长的人生旅途中，遭遇苦难并不可怕，受到挫折也无须忧伤，只要心中的信念没有萎缩，我们的人生就不会中断。

苦难并不是我们人生道路上的绊脚石，相反，它却是一份宝贵的财富，要想放弃平庸的人生，必须正确地看待苦难并超越它，把苦难看作人生道路上的垫脚石，才能尽快到达成功的彼岸。

## 6、不容小觑的细节

一个微不足道的动作，或许会改变人的一生；一些小细节上的疏漏，甚至能使一个国家灭亡，这并不是夸张之词。

很多人认为“不拘小节”是一种潇洒，一种成就大事的风格，所以总不屑于小事和事物的细节。然而，有时候在细节处更应该注意，因为它可能是事情成败的关键。

古人有云：“天下大事，必作于细；天下难事，必作于易”“勿以恶小而为之，勿以善小而不为”。无论做人还是做事，都要把小事做好，注重细节。

范德罗是20世纪世界上最伟大的建筑师之一，当记者问及他成功的原因时，他回答说：“不管你的建设设计方案如何独特宏伟，如果对细节的把握不到位，就不能称之为一件好作品。细节的精细生动可以成就伟大的作品，而细节的疏忽会毁坏一个绝佳的设计。”

细节并不是琐碎，而是一些以小见大的具体环节。世上很多事物的成与败，优与劣，美与丑，皆是源于细节。例如，名牌衬衫之所以成为名牌，并不是因为其面料有多昂贵、多高档，恰恰是因为少了几个线头，袖领对称，衬衣下摆多钉几颗纽扣等，这些细节吸引了消费者的目光。许多人的成功，也源于微小细节，一些微小细节可以改变别人对其的印象，进而促成成功。

所以，千万不要轻视细节，因为细节就是成功的资格证，只有在小事上一丝不苟，才有资格做大事。

几十年前，苏联宇航员加加林，乘坐“东方号”宇宙飞船进入太空遨游了108分钟，成为世界上第一位进入太空的宇航员。

他之所以能在20多名宇航员中脱颖而出，起决定作用的是一个偶然事件。原来，在确定人选前一个星期，主设计师罗廖夫发现，在进入飞船前，只有加加林一个人脱下鞋子，只穿袜子进入座舱。就是这个细节一下子赢得了罗廖夫的好感，他感到这名 27 岁的青年如此懂得规矩，又如此珍爱他为之倾注心血的飞船，于是决定让加加林执行人类首次太空飞行的神圣使命。

因为一个微不足道的动作，加加林获得了人类首次太空飞行的机会，同样一个微不足道的动作，改变了一个人的一生，这绝不是夸大其词，美国福特公司名扬天下，不仅使美国汽车产业在世界独占鳌头，而且改变了整个美国的国民经济状况，谁又能想到该奇迹的创造者之一——艾柯卡当初进入公司的“敲门砖”竟是“捡废纸”这个简单的动作？

那时候艾柯卡刚从大学毕业，他到福特汽车公司应聘，一同应聘的几个人学历都比他高，条件比他优秀，在其他人面试时，艾柯卡感到没有希望了，感觉有点沮丧。当他敲门走进董事长办公室时，发现门口地上有一张纸，很自然地弯腰捡了起来，看了看，原来是一张废纸，就顺手把它扔进了垃圾篓。董事长把这一切都看在眼里。艾柯卡刚说了一句话：“你好，我是来应聘的艾柯卡。”董事长就发出了邀请：“艾柯卡先生，你已经被我们录用了。”这个让艾柯卡感到惊异的决定，实际上源于他那个不经意的动作。从此以后，艾柯卡开始了他的辉煌之路，重新振兴了福特汽车，而艾柯卡的名声也开始响遍全世界。

所以，要想成大事，要想把工作做好，“认真”的态度是绝不能少的。对于细节，思想上要重视，行动上要落实。好高骛远的结果只会是事倍功半，甚至更糟。

千里之堤，溃于蚁穴。千万不要小看了一些细节，细节不仅可以使一个人的命运发生变化，甚至还可能决定一个国家的存亡。

古英格兰有一首著名的名谣：“少了一枚铁钉，掉了一只马掌，掉了一只马掌，丢了一匹战马，败了一场战役，败了一场战役，丢了一个国家。”这是发生在英国查理三世身上的故事，查理准备与里奇蒙德决一死战，查理让一个马夫去给自己的战马钉马掌，铁匠钉到第四个马掌时，差一个钉子，铁匠便偷偷敷衍了事。不久，查理和对方厮杀于战场，大战中忽然一只马掌掉了，马失前蹄，国王被掀翻在地，王国随之易主。

细节不仅在大事上起着重要的作用，在家庭生活中，细节也尤为重要。

比如，女人对生日及纪念日很重视，这可能永远是女性的一个特点。因此，男人纵然糊涂一生，不记得所有日期，但一定要记得两个日子，那就是妻子的生日和结婚纪念日。

其实，在很多婚姻破裂的事件中，并非所有的家庭都是因为一些重大的事情而过不下去，相反，大多数夫妻关系破裂往往是由于一些很小的事情。

根据对 2000 对夫妇的调查发现，细琐的事情多是婚姻不幸的根源。说到底，婚姻就是一串琐事，忽视这一事实，将造成家庭的灾难。所以，如果要保持家庭生活快乐，也需要注重那些看似小事的事情。

一部名为《细节》的小说，其题记为：“大事留给上帝，我们只注重细节。”作者还借小说主人公的话做了注脚：“这个世界上所有伟大的壮举都不如生活上一个真实的细节来得有意义。”

生活就像无限拉长的链条，细节如链条上的链扣，没有链扣，哪有链条？历史就像日夜奔腾的河流，细节就如江河边的支流，没有支流，哪有江河？回味生活，翻阅历史，我们为什么不从真实的细节做起？我们头上三尺果真有神灵的话，它或许绝不只把大事留给自己，而把细节留给人类。因为神灵也知道，没有细节，哪有大事？

做平凡的工作并不是我们平庸的理由，如果能重视细节，把平凡的小事做好，同样可以作出不平凡的成就。因此，我们必须从一点一滴做起，从细节着眼，才能超越平庸，追求自己理想的生活。

## 7、在哪里跌倒，就在哪里爬起来

俗话说，常在河边走，哪有不湿鞋？人生的道路漫长而曲折，难免会摔跤，跌倒了不要紧，关键是要能够立刻爬起来。

世界传媒巨头雷石东曾有过一段不平常的人生经历。

1923 年，雷石东出生在美国波士顿一个清贫的犹太人家里，17 岁就读于美国哈佛大学，20 岁被选拔服役，从事破译日军电报密码工作。31 岁时，他放弃了给他带来丰厚收入的律师事务所，开始了第一次创业，经营国家娱乐有限公司。雷石东渴望成功的梦想和商业方面的才能开始找到了施展的天地。几十年后，他已经积累了 5 亿美元的财富。

然而，不幸的事情发生了。1979 年，雷石东在参加华纳兄弟公司的一个聚会时，在酒店遭遇了一场火灾。大火中，他身体 45% 的皮肤都被烧毁，右手腕也几乎脱离了身体。对于一个 56 岁的人而言，生存成为一个严峻的问题。雷石东没有沮丧，他凭借坚忍不拔的意志，与死神展开了激烈的搏斗，并最终取得了胜利，度过了生命中最艰难的岁月。56 岁的雷石东就像凤凰涅槃，在浴火中重生了，并让生命散发出更为夺目的光彩。

63 岁时，他第二次创业，收购维亚康母公司；70 岁时，收购派拉蒙电影公司；76 岁时，收购哥伦比亚广播公司；78 岁时，被《福布斯》评为全球排行第 18 位的富豪；82 岁，他正管理着全球最大的传媒娱乐公司，并且正积极进军中国传媒市场，为事业发展再创高峰。

谈起那场几乎剥夺他生命的大火，他说：“我个人的信念并没有因为这场大火而发生任何变化，我的价值观与发生大火前无二。无论在高中、大学、法学院学习，还是后来建立自己的媒体王国，我的价值观始终不曾改变。”

雷石东的最终成功就在于他面对人生的挫折，跌倒了能够立刻爬起来。在将近 60 岁的时候，遭遇这样的挫折，一般人就会听凭命运的安排，但是他没有，而是凭借坚忍的意志，在跌倒的地方勇敢地爬起来，所以才有了以后更辉煌的人生。

成功的人往往不会一帆风顺，他们会面对各种挫折和失败，有时候其艰难曲折程度会超过常人的想象，而他们总是能够坚定地穿越这些磨难，这才是成功的重要原因。

1978 年，当波・弗兰克搬到希尔顿黑德岛的时候，海松房地产公司正值生意红火之际。弗兰克卖掉他在亚特兰大的石油股份，考虑过其他因素之后，他决定卖掉自己的房产，这是一件之前他从未做过的事。

弗兰克加入了一个 17 人的销售团队，并且升迁得很快。1980 年，他已经是这个房地产销售组织的副总裁了。1981 年，是海松房地产公司的第十个好年头，他成了该公司的副经理，领导着 50 个销售商，他们每年都能创下 2500 万美元的销售额。

但是接下来，似乎上帝有意想考验一下弗兰克的意志力，一连串打击接踵而来，在随后的六年里，海松公司被出售、调整、重组。它被由七家不同的经营公司组成的集团控制，它们都相继经历了资金外流以及信贷、信誉等问题。由于一些政策的改变，弗兰克自己的办公室也七次迁址，到 1987 年年中，这个实际上已经破产的公司，由另一家公司代理。

当时，海松房地产公司的职员都显得非常沮丧。后来海松被卖掉，但弗兰克所主管的那个房地产部门，即使在经济困顿时期也依然保持良好的势头。

他每天都要参加行政人员会议，面对那些令人沮丧的坏消息，亏损报告、经营变动，一刻不得安宁。尽管如此，他每天都能保持充沛的精力去激励他的销售组织。

虽然公司里存在着各种各样的问题，但是弗兰克的部门依然容纳了上百个销售商，并获得了 1 亿美元以上的销售额，很快成为南加州最大的房地产公司。

从此以后，海松房地产公司开始给周围的居民和社区带来了实惠。正是由于弗兰克不动摇的意志和经济实力，这个公司得以保持稳定和繁荣。

纵观成功的人，无不是具有坚强的意志和毫不动摇的信念，因此在面对困难和挫折，才能跌倒了，毫不犹豫地爬起来，从而摆脱了困境。

其实，人生的道路不可能一帆风顺，遇到挫折在所难免，跌倒了，没什么，爬起来，再继续上路。也许会有一时的疼痛和酸楚，但同时又多了一份经历，多了一次宝贵的经验，可以为下次的不再跌倒做好准备。

我们应该有“跌倒一千次，一千次爬起来”的勇敢，这并不是愚笨，而是一种精神。

英国小说家、剧作家柯鲁德·史密斯曾经这样说过：“对于我们来说，最大的荣幸就是每个人都失败过。而且每当我们跌倒时，都能再爬起来。”

通向成功的道路也是布满了荆棘，我们必须拥有承受失败考验的心理准备，即使是跌倒了，跌倒了的地方也有风景。我们要学会善待自己的每一次失败，因为失败也孕育着成功的机遇。跌倒了就爬起来，也许下一站等待我们的就是鲜花和笑脸；跌倒了爬起来，我们才能放弃平庸的人生。

## 8、克服自卑，才能成功

将一个木块放在老式的蒸汽火车的轮子上，火车就怎么也启动不了，只要将它移走，火车就能顿时动起来，每小时速度可达一百公里以上，甚至一堵五米厚的墙都能够冲得过去。人的自卑心理，就像这个小小的木块，将它拿掉后，就能创造惊人的事业。

十几年前，他从一个仅有二十多万人口的北方小城考进了北京的大学。上学的第一天，他邻桌的一个女同学第一句话就问他："你从哪里来？"而这个问题正是他最忌讳的，因为在他的头脑里认为，出生于小县城，没见过世面，肯定会被那些来自大城市的同学嘲笑。很长一段时间，自卑的阴影都占据着他的心灵。

二十年前，她也在一所大学里上学。大部分时间，她也在疑心、自卑中度过。她怀疑同学们会在暗地里嘲笑她，认为她肥胖的样子太难看。

她不敢穿裙子，也不敢上体育课。大学生活结束的时候，她差点毕不了业，不是因为功课太差，而是因为她不敢参加体育长跑测试。她连给老师解释的勇气都没有，茫然不知所措，只能傻乎乎地跟着老师走，老师回家做饭去了，她也跟着。最后，老师勉强让她及格。

在最近播出的一个电视晚会上，她对他说："要是那时候我们是同学，可能是永远也不会说话的两个人。因为你会认为，人家是北京城的姑娘，怎么会瞧得起我呢？而我则会想，人家长得那么帅，怎么会瞧得起我呢？"

他，现在是中央电视台著名节目主持人，经常对着全国几亿电视观众侃侃而谈，他主持的节目给人印象最深的就是从容与自信。他的名字叫白岩松。

她，现在也是中央电视台著名节目主持人，而且是第一个完全依靠才华而丝毫没有凭借外貌走上中央电视台主持人岗位的。她的名字叫张越。

原来，他们也会自卑。原来，自卑也是可以彻底摆脱的。超越了自卑，就能走向成功。

其实生活中，大多数人都会因为某种缺陷而特别自卑，从而影响了他们的一生，没有人会是完美无瑕的，只要我们走出自卑心理的阴影，我们就能告别平庸。

上帝对人不会厚此薄彼，很多天才人物往往在某些方面显得很愚笨。然而，这种天生的缺陷或不足，并没有封死他们取得成功的大门，关键是，他们能够克服自卑心理。

音乐家贝多芬学拉小提琴时，技术并不高明，他宁可拉他自己作的曲子，也不肯做技巧上的改善，他的老师说他绝不是个当作曲家的料。

歌剧演员卡罗素美妙的歌声享誉全球。但当初他的父母希望他能当工程师，而他的老师则说他那副嗓子根本就不适合唱歌。

达尔文在自传上也曾经透露："小时候，所有的老师和长辈认为我资质平庸，我与聪明是沾不上边的。"

沃特·迪士尼当年曾经被报社主编以缺乏创意的理由开除，建立迪士尼乐园前也曾破产好几次。

爱因斯坦 4 岁才会说话，7 岁才会认字。老师给他的评语是："反应迟钝，孤僻，满脑袋不切实际的想法。"他曾遭到退学的命运。

牛顿在小学的成绩一团糟，曾被老师和同学称为"傻子"。

罗丹的父亲曾怨叹自己有个白痴儿子，在众人眼中，他曾是个前途渺茫的学生，艺术学院考了三次还考不进去。他的叔叔曾绝望地说："孺子不可教也。"

列夫·托尔斯泰大学时代因成绩太差而被劝退学，老师认为，他"既没有读书的头脑，又缺乏学习的兴趣"。

……

这些人可以说都曾自卑过，有的人也深深地被自卑伤害过，可是最终他们没有自暴自弃，而是努力克服自卑，超越了自卑，所以他们在事业上取得了巨大的成就，摆脱了平庸的人生。伟人的伟大之处，并不是因为他们是超人，他们没有自卑，而是因为他们能将自卑作为成功的催化剂，所以才会取得骄人的成就。

哲学家曾经鼓励自卑者说，你之所以感到巨人高不可攀，那是因为你跪着。所以自卑者应该"站"起来看世界。

1947 年，美孚石油公司董事长贝里奇到开普敦巡视工作，在卫生间里，看到一位黑人小伙子正跪在地板上擦上面的污渍，每擦一下，都虔诚地叩一下头。贝里奇感到奇怪，问他为何如此。小伙子回答，在感谢一位圣人。因为是他帮自己找到了这份工作，让自己终于有口饭吃。

贝里奇笑了笑说，我也曾遇到一位圣人。二十年前，我来到南非的大温特胡克山，正巧遇到他，并得到他的指点，使我成为美孚石油公司董事长。

小伙子听了后也去寻找那位圣人，但回来时很失望。他对贝里奇说："在那山上，我发现除了我自己之外，根本没有什么圣人。"贝里奇说："你说得很对，除了你之外，根本没有什么圣人。"

二十年后，这位黑人小伙子做了美孚公司开普敦公司的总经理，他的名字叫贾姆讷。他后来在记者执行会上说："当您发现自己的那一天，就是您遇到圣人的时候。"

上帝是公平的，它赋予我们每个人优点和缺点，而我们个人就要善于发现自己，认识自己的优点，摒弃自卑，走出自卑的心理阴影，并不断地发挥优势，实现自己的梦想。

这个世界上，每个人都是独一无二的奇迹，都是自然界最伟大的创造，只要正确认识自己的价值，超越自卑心理，从自卑中走出来，不断发挥自身的潜力，就能成就一番事业，就能摆脱平庸的人生。

## 9、不要在小事上计较

做大事并不是没有小事干扰，如果善于把这些琐事抛到脑后，就是非常重要的"抽身法"。也就是说在人生的道路上，对那些无关紧要的琐事要学会视而不见，把心思转移到该做的事情上。只有这样，才能集中精力做我们应该做的事情，才能告别平庸，实现我们的理想。

人生在世，只有短短几十年的光阴，很多人却不惜浪费时间，去为一些的小事发愁，这实在是毫无意义的。狄士雷里说过："生命太短促了，不能再只顾小事。”尤其是那些毫无意义并且让我们忧心费神的小事。因此，为了快乐而有意义地生活，我们必须要学会放弃让我们不快乐的小事，放弃那些导致我们平庸的小事。

要做一个快乐聪明的人，就要学会享受快乐的人生，不必为小事而烦恼。当我们遇到鸡毛蒜皮的小事时，只要没有实质性的影响，聪明人的做法就是视而不见，充耳不闻，不要太计较它，也不要追根究底地去纠正它。

罗斯福夫人刚结婚的时候，每天都在担心，因为她的新厨子做饭做得很差。“可是如果事情发生在现在，”罗斯福夫人笑着说，“我就会耸耸肩膀把这事给忘了。”其实，这才是一个最好的做法。就连凯瑟琳这个最专制的女皇，在厨子把饭烧煳了的时候，通常也只是付诸一笑。

如果我们经常担心或注意一些鸡毛蒜皮的事情，那么我们工作学习的时间必然有限，况且那些小事既没有意义，还会把我们的心情搞得很糟糕。过多关注那些没有意义的小事，只会使我们走向平庸的生活。

歌德曾经说过这样一句话：“重要之事决不可受芝麻绿豆小事牵绊。”从这个角度说，那些成功的人，不是没有日常琐事，只是将常人用在这上面的时间用于该做的事情上，能够获得成功的人，无不是“小事糊涂，大事认真”的人。可是，只要我们认真观察那些计较小事的人，就会发现他们往往是“大事糊涂”的人。很明显，人的精力都是有限的，如果对小事计较得过多，那么对大事的注意力和处理能力必然淡化，甚至根本无暇顾及了。

有一条法律上说：“法律不会去管那些小事情。”一个人不该为那些小事烦恼，如果他希望求得心理上的平静的话。

在大多数的时间里，要想克服被一些小事所引起的困扰，只需要把重点转移一下就行了——让自己有一个新的，能使自己开心一点的看法。

荷马·克罗伊是个著名作家，以前他写作的时候，常常被纽约公寓热水炉的响声吵得快要发疯。水汽会怦然作响，然后又是一阵噼啪的声音——而他则会坐在他的书桌前气得乱叫。

“后来，”荷马·克罗伊说，“有一次我和几个朋友一起出去露营，当我听到木柴烧得很响时，我突然想：这些声音多么像热水炉的响声，为什么我会喜欢这个声音，而讨厌那个声音呢？我回到家以后，跟我自己说‘火堆里木头的爆裂声，是一种好听的音乐，热水炉的声音也差不多，我该埋头大睡才是，不去理会这些噪音’。结果，我竟然做到了。刚开始几天我还会注意热水炉的声音，可是不久我就把它们整个的忘了。”

很多其他的小忧虑也是一样，我们不喜欢那些，结果弄得整个人很颓丧，只不过是因为我们都夸张了那些小事的严重性。

生活就是由无数的小事所组合而成的，每个人的生活中，小事都是无处不在、无时不有的，如果过多地拘泥于小事，那么人生就根本没有什么乐趣可言了，触目所及的都是矛盾和冲突。

在人际交往中，发生小错误的小事很多，有的是在称呼上，如将经理称为科长，将小姐称为大姐，甚至连姓氏有时候也会搞错，就这样的小事可能会使我们半天不开心。有时候，在公众场合，自己被别人不小心踩了一脚，或者是公车上，由于拥挤，别人碰了自己一下，顿时使我们平静的心情全无。想想我们的生命都为这样毫无意义的小事消耗，岂不很可悲。

在公共场所遇到不顺心的事，也同样不值得生气。素不相识的人冒犯了我们肯定是有原因的，也许是烦心事使他这一天情绪异常，行为失控，正巧我们赶上，我们也应该宽大为怀，不以为意。

在家里就更不要为小事较真了。处理家庭琐事要采取“绥靖”政策，安抚为主，大事化小，小事化了，当个笑口常开的和事佬未尝不好。

当然，要真正做到不去计较这些事，也不是简单的事，需要有良好的修养，需要善解人意，需要从对方的角度设身处地地思考和处理问题，多一些体谅和理解，就会多一些和谐。

有时候，太专注于小事，同样也会酿成大错。芝加哥的约瑟夫·沙巴士法官在仲裁过四万多件不愉快的婚姻案件之后说道："婚姻生活之所以不美满，最基本的原因通常都是一些小事情。"而纽约郡的地方检察官法兰克·荷根也说："我们的刑事案件里，有一半以上都起因于一些很小的事情：在酒吧里逞英雄，为一些小事情争争吵吵，结果引起伤害和谋杀。很少有人真正天性残忍，一些犯了大错的人，都是因为自尊心受到小小的伤害，一些小小的屈辱，虚荣心不能满足，结果造成世界上半数的伤心事。"所以，对小事我们根本不要去计较。

我们也听说过森林中的大树，岁月没有使它枯萎，闪电也不曾使它击倒，暴风雨也没有伤着它一根毫毛，但是却因一些小得用拇指跟食指就可以捏死的小甲虫而终于倒下的故事。

如果太纠缠于小事，我们岂不都像那森林中身经百战的大树，曾经经历过生命中无数次的狂风暴雨和闪电的打击，都撑了下来，可是却忧虑我们被小甲虫咬噬。

不要让一只苍蝇飞进灵魂里，不要因小事怄着一口气久久不散去，从而输掉青春、爱情，还有可能的辉煌和一伸手就能摘到的幸福，不要再为那些小事抓狂，它们只会引领我们走向平庸的人生。

## 10、每个人在生活中都有应有的位置

唐代文学家柳宗元曾说过一个这样的故事：

他看到一位木工，连自己家里的木床坏了也不会修理，足可以说明他凿、锯、刨、雕的技艺平平。但是木工却声称自己能够建造房子，这令柳宗元难以相信。

后来，柳宗元在另一个工地，又看到这位木工，只见他发号施令，有条不紊，工匠们在他的指挥下，井然有序地工作着。由此可见，这位木工也许并不是一位好的木工，却是一位出色的领导者。

“垃圾，是放错了位置的宝贝。”这句话说得还是有一定的合理性。从某种意义上来说，我们的生命就像是行星一样，放在什么样的位置，就能在什么样的位置发光。

找到一个适合自己的位置，比去寻找如何才能成功更具有实际意义。

成功的人总是要给自己合适地定位。那么什么是定位呢？定位就是对人或事归于适当的位置并做出的某种评价。一位心理学博士就曾经感慨：“我从事心理学研究十几年，一个最真切的感受就是做人要有清晰的定位感。”一个人在社会生活中，总要处于一定的社会位置。社会对处于不同位置的人有不同的要求。当这个社会个体按照社会对他的要求履行其义务、行使其权力时，他就扮演了一定的社会角色。在这个过程中，人往往是被动的，难免会出现这样那样的不平衡，人人都羡慕那些成功的人，却很少有人记得他们背后浸透了多少奋斗的汗水。

布朗在高中读书时，校长曾经对他的母亲说：“布朗也许不适合读书，他的理解能力差得让人无法接受，他现在甚至弄不懂两位数以上的计算。”母亲很伤心，她把布朗领回家，准备靠自己的力量把他培养成材，然而布朗对读书并不感兴趣。

一天，当布朗路过一家正在装修的超市时，他发现有一个人正在超市门前雕刻一件艺术品，布朗对此产生了浓厚的兴趣，他凑上前去，好奇而又用心地观赏起来。

不久，母亲发现布朗只要看到什么材料，包括木头、石头等，必定会认真而仔细地按照自己的想法去打磨和塑造它，直到它的形状让他满意为止。母亲很着急，她不希望儿子玩弄这些而耽误了学习。

布朗最终还是让母亲失望了，没有一所大学肯录取他，哪怕是本地并不出名的学院。母亲对布朗说：“你已长大，走自己的路吧！”

布朗知道他在母亲眼中是一个彻底的失败者，他很难过，但还是决定远走他乡去寻找自己的事业。

许多年后，市政府为了纪念一位名人，决定在政府门前的广场上放置名人的雕像。众多的雕塑大师纷纷献上自己的作品，每个人都期望自己的大名能与名人联系在一起，这将是难得的荣耀和成功，最终一位远道而来的雕塑大师获得了市政府及专家的认可。

在开幕式上，这位雕塑大师说："我想把这座雕塑献给我的母亲，因为我读书时没有获得她期望中的成功，我的失败令她伤心失望。现在我要告诉她，大学里没有我的位置，但生活中总会有我一个位置，而且是成功的位置。我想对母亲说的是，希望今天的我至少不让她再次失望。"

这个人就是布朗。在人群中，布朗的母亲喜极而泣。她终于明白自己的儿子不笨，只是当年她没有把他放到一个合适的位置而已。

现实生活中，尤其是我们的父母，因为望子成龙、望女成凤心切，不根据孩子的兴趣，违背孩子意愿地对其进行培养，按照自己理想规划孩子的人生，殊不知这样可能会压抑孩子的学习兴趣，以至对学习失去兴趣。只有合适地定位，才有助于理想的实现，否则埋没的将是一个天才，这并不是骇人听闻。

给自己合适的定位，就是要根据自己的兴趣、爱好和潜质来定位自己的未来，过高或过低都会影响能力的发挥。不能将自己定位过高于本身实际所处的位置，对本属于自己的位置的不屑一顾，只会换来不断的碰壁。尤其在自己处于低谷的时候，更应该正确认识到自己所处的环境，正确估量自己，然后才能一步一个脚印地往上攀登。

是轮胎，你就奔跑；是火柴，你就发光；是音箱，你就歌唱。每一样东西，每一个人都有自己的特点和使命。只有找准了自己的位置，人生才有成功的可能，或者说成功的可能性更大一些。许多伟大的人物之所以成功，就是由于他们给自己定好了位，在现实世界中找到了属于自己的最佳人生位置，并由此设计和塑造了自己。

人活在世上，要想放弃平庸的生活，追求成功就要首先给自己合适定位。人在许多时候产生自卑感并不是真的很失败，只是因为定位不准确。放弃那些过高或过低的定位的目的是为了找到自己，能让自己接受自己，在这个位置上，使自己有成功的体验，这是一个人建立自信的。

如果自己的位置定得太低，就没有继续上进的内驱力，但定位太高，可能会觉得自己常常失败，不能认同自己，更没有成功的可能。

许多时候认识别人容易，认识自己难。过高的追求不能说是不合理的，但是最起码离成功的距离是远了一些。“人有自知之明”，是告诉我们要合理定位自己，不必有过高的心态，使自己陷入自卑的泥潭。另一方面，“一叶障目，不见泰山”，是告诉我们不要满足于自己狭小的目标和空间，也不要定位太低。给自己合理定位很重要，只有及时正确地调整自己的定位，才会在生活中不断体会到成功和自信。

所以，我们一定要了解自己的优势和弱势，明白自己的追求和愿望。只有这样，才能找到适合自己的位置。给自己合理的定位，人生的道路就会少了些许弯路，我们也能早日摆脱平庸的生活状态。

# 第八章　舍弃完美

## ——缺憾未必不是一种美

金无足赤，人无完人，上帝并没有创造一个完美的人。世上每个人都如同是被咬过一口的苹果，都是有缺陷的。有的人缺陷大些，那是因为上帝特别喜欢他的芬芳。学会放弃完美，去接受并欣赏生活中的不完美，也许会发现缺憾是另一种形式的美。

### 1、人生确实有许多的不完美

不要太苛求完美，人生确实有许多的不完美，上帝给了一个人美丽的容貌，却不给他博大的思想；给了一个人高深的智慧，却不给他健康的体魄。同样，很多伟人都有不完美之处，罗斯福身患残疾，拿破仑身材矮小……这些人都不完美，也无法完美。但不可否认的是，他们的心境很完美，他们没有在不完美里哀叹。如果我们一味地追求所谓的完美，就不可能轻轻松松地面对生活，更不可能创造幸福的人生。

但是大多数人常常埋怨自己的生活不美满，这不如意那不舒心，总之，在他们眼里，到处充斥着不完美，这影响了他们的心情，破坏了他们的生活。其实，不完美是生活的一部分，拥有缺陷是人生另一种意义上的丰富和充实，同时，损伤和缺憾往往是我们进入另一种美丽的契机。

既然如此，面对诸多的不完美，我们就要用一种平和的心态来对待。每个人都有缺点，重要的是如何能将这些“缺点”转化为“优势”，将这些“优势”好好运用、发挥，并得到更好的效果。

有一位挑水夫，他有两个水桶，分别吊在扁担的两头，其中一个桶有裂缝，另一个则完好无缺。在每次长途的挑运中，完好无缺的桶到达主人家中时总是满满的，但是有裂缝的桶到达主人家时，只剩下半桶水。

两年来，挑水夫就这样每天挑一桶半的水到主人家。当然，好桶对自己能够送满整桶水感到很自豪，而破桶则对于自己的缺陷感到非常羞愧，它为只能负起一半的责任而难过。

两年之后，破桶终于忍不住了，在小溪旁对挑水夫说：“我很惭愧，必须向你道歉。”

“为什么呢？”挑水夫问道，“你为什么觉得惭愧？”

“过去两年，因为水从我这边一路漏掉了，你只能送半桶水到主人家，我的缺陷，使你做了全部的工作，却只收到一半的成果。”破桶说。

挑水夫替破桶感到难过，他爱惜地说：“我们回到主人家的路上，我要你留意路旁盛开的花朵。”

走在回家的山坡上，破桶突然眼前一亮，它看到缤纷的花朵开满了路的一旁，沐浴在温暖的阳光之下，这景象使它开心了很多。

但是，走到小路的尽头，它又难受了，因为一半的水又在路上漏掉了！破桶再次向挑水夫道歉。

挑水夫温和地说：“你有没有注意到小路两旁，只有你的那一边有花，好桶的那一边却没有开花吗？我明白你有缺陷，因此我善加利用，在你那边的路旁撒了花种，每次我从小溪边回来，你就替我一路浇了花。两年来，这些美丽的花朵装饰了主人的餐桌。如果你没有裂缝，主人的桌上也没有这么好看的花朵了。”

破桶听了之后，心情终于释然了。

木桶的不完美成就了路面鲜花的完美，可以说，一种不完美往往成全了另一种完美。当生命中有个小小的缺口，不要悲观怨叹，因为它可能让我们永远有追求幸福的动力。我们要正视缺陷，不要苛求完美。

过于苛求完美，则很可能遭遇失败。当然，完美主义也有可能会获得成功，但成功的到来并不是因为有了这些完美的标准。研究表明，苛求完美会使人在工作效率、人际关系方面都会受到严重损害，甚至会导致自我挫败。原因是他们以歪曲的、非逻辑的思维方式看待生活。完美主义者最普遍的思维方式是“要么全有，要么全无”。

首先，这种思维方式导致完美主义者的工作效率低下，他们要求一切都尽善尽美，否则不如不做。认真的态度是每个人都需要的，不管是在工作中还是生活中。工作因为认真而变得出色，生活因为认真而变得精致。我们鼓励认真的态度，是为了让自己的人生变得幸福和充实，然而，生活中有些人却往往认真得近乎偏执，不管做什么事都追求完美，不容许自己有一点点失误，不允许生活有一点点瑕疵，结果常常因为对自己太过苛求而搞得身心疲惫不堪。

任何工作都不可能达到完美的极致，每一个细节都追求完美很可能就忽略了大局。同样，任何事物也是如此，下面的这则寓言就很好地说明了这一点。

很久以前，有位渔夫从海里捞到一颗晶莹剔透的大珍珠，爱不释手。但美中不足的是珍珠的上面有个小黑点，美珠有瑕，渔夫想，如能将小黑点去掉，珍珠将变成无价之宝。可是渔夫剥掉一层，黑点仍在；再剥一层，黑点还在；一层层地剥到最后，黑点是没有了，然而珍珠也不复存在了。

渔夫想得到的是美的极致，在他消除了所谓的不足时，美也消失在他追求过于完美的过程中了。有黑点的珍珠不过是白璧微瑕，正是其浑然天成、不着雕痕的可贵之处，如同“清水出芙蓉，天然去雕饰”，美得自然，美得朴实，美得真切。美真正的价值往往不在于它的完整，而在于那一点点的残缺，就如同缺失双臂的维纳斯，它能给人以无限的遐思，美丽也就在这样一种遗憾和遐想中成为极致。

其次，在人际关系中，许多完美主义者都感到孤独。这是因为他们害怕自己的意见不被采纳，使自己的完美形象受到影响。他们为自己的言行辩解，对别人却指指点点，评头论足。这样常常伤害别人，影响同事、朋友之间的关系，最终导致他们陷入孤独的境地。

另外，过于苛求完美，还可能伤害人的自尊，损害人的健康。丘吉尔曾经说过，追求完美，事事完美，太苛求了，所以痛苦。追求完美很好，但是太苛求完美就有问题，苛求完美必然会不分主次、斤斤计较、因小失大。苛求完美还会陷入痛苦、失望的境地，长此以往，就会自尊心受挫，情绪压抑，精神不振，继而身体出现异常，得不偿失。

俗话说："人无完人，金无足赤。"人生确实有许多的不完美，每个人都有这样那样的缺憾，真正完美的人是不存在的。

人生没有完美可言，完美只是在理想中存在。所以，不管对于事情的结果如何在意，偶尔也该放过自己，毕竟完美是不存在的。正是因为有了残缺，我们才有梦想、有希望。当我们为梦想和希望而付出努力的同时，就已经拥有一个完美的自我了。

其实，人世间，完美与不完美只存在于一念之间。苛求完美只会离完美越来越远，放弃苛求完美，我们会发现人世间的一切都有它自己的独特之美。

俗话说："水至清则无鱼，人至察则无徒。"现实生活中，如果对人、对事、对自己都太过于苛求，就会使自己生活在孤寂和焦灼之中，结果适得其反。所以，一定要学会放弃苛求完美的冲动，以免陷入过于苛求完美的陷阱。

## 2、被咬了一口的苹果

上帝并没有创造一个完美的人，我们每个人都是有缺陷的。有的人缺陷大些，那是因为上帝特别喜欢他的芬芳。

美国第 26 任总统西奥多·罗斯福 8 岁的时候，有着一副非常“抱歉”的面孔，一副暴露在外、参差不齐的牙齿，那种畏首畏尾的神态，不管是谁看见了都觉得好笑甚至想嘲笑。当他在教室里被老师唤起来背书时，更显得局促不安，他的呼吸急促得好像快要断气了，两腿站在那里直发抖，牙齿也颤动得像要脱落下来一样。他背出的句子含糊不清，几乎没人听得懂，背完后，便颓然坐下，就像是疲惫不堪的战士，突然获得了休息。

也许你以为他一定会性格内向、文静怕动、神经过敏、不喜交际，常常自怨自艾，但是你完全错了，他没有因有了种种缺陷而气馁，反而因为有了这些缺陷而加紧了他的奋斗，这种奋斗并不是谁都能做到的。他经过长期的坚持和学习，才把那常常被人鄙视的气喘改成一种沙声，把齿唇的颤动和内心的畏缩改造成卓越的口才和自信的行动。

缺陷造就了罗斯福一生的奋斗精神，这无疑是他经营一生伟业最可贵的资本，绝不把自己看作一个懦弱无能的人。当他看见别的孩子在操场上嬉笑、跳跃、东奔西跑、做着种种激烈的运动时，他也踊跃参加，从不退让。他也能和大家一样骑马、赛球、游泳、竞走，而且常常名列前茅，成为业余的运动家。他常常以那些坚定勇敢的孩子们为榜样，自己也常常体验冒险的精神，勇敢地对付种种恶劣的环境。当他和别人在一起时，他总是用亲密和善的态度去对待同伴，主动与他们接近。这样一来，他即使有着内向的自怜心理，也被自己的行动克服了。他深知上帝从来没有创造一个完美的人，只要自己心境舒坦快乐，一切都将顺利得好像预先安排好的一般。

在他升入大学前，就经常自我鞭策，用有节律的运动和生活，恢复了他的健康。他使自己一改以前的懦弱，变成精力超众、强健愉快的人了。他常常乘假期之暇，到亚历山大去追逐牛群，到洛杉矶去捕熊，到非洲去抓狮子，他那种勇敢强壮的姿态，谁还会想到他就是曾在学校里受窘的那个小学生呢？

罗斯福因为有缺憾，才有了奋斗的动力，才有了坚韧的毅力，这一切，又给他带来了人生的转机，缺憾成就了他一生的功名。事情往往如此，越是有缺陷的地方，却容易迸发勃勃的生机。

沙漠干旱无比，为生物的生存带来极大的危机，然而有一种植物，很像草，它顽强地生活在沙漠中，它的生命力很强，即使晒干多年后，再把这种植物拿出来泡在水里 24 小时，它又会活过来。科学家们由此给这种普通的草取名为“沙漠玫瑰”，认为它是一种最美丽的植物。

人类也是如此，一个人的身上可能同时存在着缺陷和美丽。贝多芬耳聋之后，音乐创作有了质的飞跃，谱写出了《英雄交响曲》这样纯精神的音乐；张海迪、海伦·凯勒，她们都有残疾，但她们依靠自己的顽强意志奋斗拼搏，取得了令人瞩目的成绩。她们的身体是残缺的，可她们的心灵、精神是高尚的，她们的人生因缺陷而更加美丽。

如果缺陷已经属于自己，我们就应该正确地面对它，不必太在意自己身体上的这种缺陷，把精力都放在自己该做的事上，并且积极进取，使自己更充实。人的一生或多或少都存在着缺憾，有残缺没有关系，可怕的是不思进取，那样才是永远的缺憾。

对于身体的缺陷，我们可以在心灵上进行弥补，让自己更有内涵。我们无法使自己外貌完美，但我们绝对有能力使自己内心美丽。我们要拥有一颗晶莹剔透、美丽善良的心，做一个开朗、善良的人，只有如此，才不会让缺陷放大。

一部电影中有这样一幕，女主角问她又哑又盲的男朋友有什么优点的时候，那男孩儿快乐地指了指自己的眼睛和嘴巴，两个人都笑了，他们心里都很清楚，尽管他有些不幸，可他比任何人都坚忍、善良、乐观、热爱生命，这又何尝不是另外一种美呢？上帝的确是公平的，一个人有什么缺陷，他就一定会在其他方面比别人多一个优点，只要他的心态是积极的、向上的。

缺憾并不是人生的悲剧，只要能够放弃那种悲剧心态，缺憾就能帮助我们创造美，成就美。

## 3、宽容，让生活更美好

人生没有完美，总会经历这样那样的缺失，保持一颗平常心，学会宽容别人，多想一想别人的优点，少计较别人的缺点，这样你会觉得生活充满幸福感。宽厚仁爱的人生，就是一种幸福，一种美丽。

所谓宽容就是以善意去宽待有着各种缺点的人们。因其宽容而容纳了狭隘，因其宽容显得大度而感人。处处宽容别人并不是软弱，并不是面对现实而无可奈何。在短暂的生命历程中，学会宽容，意味着我们的思想更加快乐，境界更加完美。

有这样一个女人，总在喋喋不休地向人们说邻家的污秽不堪。有一回她故意将一位朋友领到家里，指着窗外说："您看那家绳上晾的衣服多脏！"可那位朋友却悄悄地对她说："如果你看仔细点儿，我想你能弄明白，脏的不是人家的衣服，而是你自家的窗子。"

不宽容的心灵，在指责别人不完美的同时，就是在制造一种不完美。既然我们在同一蓝天下生活，为什么不学着去宽厚待人，非要指责挑剔别人呢？即使脏的真是邻家的衣服，我们为什么不能表示理解和容忍呢？要知道，这个世界本身就是不完美的。

在日常生活中，当自己的利益和别人的利益发生冲突时，首先要考虑舍利取义，宁愿自己吃一点亏，放弃一些，最终往往会化干戈为玉帛。郑板桥曾说过："吃亏是福。"这绝不是阿Q式的精神自慰，而是一生阅历的高度概括和总结。

不可否认，我们生活在一个越来越重视功利的环境里，但倘若太吝惜自己的利益而不肯为别人做一些放弃，这样最终会失去自我，毫无完美可言；倘若一味地争强好胜而不肯放弃自己的见解，这样最终会陷入没有新思路的僵局而无法向前；倘若一再地求全责备而不肯宽容别人的一点瑕疵，这样的人最终会因失去朋友的支持而变得落寞孤寂。

一个不懂得宽容别人的人，会显得愚蠢；一个不懂得对自己宽容的人，会把生命的弦绷得太紧而伤痕累累，甚至断裂。只有懂得宽容的人才是聪明人，才是对人生的完美有着最深刻理解的人。

宽恕别人说起来并不困难，做起来却也不容易。关键是心灵如何选择，当一个人选择了仇恨，那么他将在黑暗中度过余生；而如果选择了宽恕，那么他能将阳光洒向大地。

佛道中常讲究缘分，两个人能够相遇、相识，便是缘分。如果因为仇恨而相识，不可否认彼此内心已经牢牢记住了对方的名字，如果因为整天想着如何去报复对方而心事重重，内心极端压抑，那么倒不如放下仇恨，宽恕对方。选择了宽恕，便获得了应有的自由，因为我们已经放下了仇恨的包袱。

宽容不但是做人的美德，也是一种明智的处世原则，是人与人交往的“润滑剂”。其实人生中一些所谓的厄运，通常只是因为不能放弃对他人一时的狭隘和刻薄，而在自己的前进道路上自设的一块绊脚石罢了；而一些所谓的幸运，则是因为无意中对他人一时的恩惠和帮助，从而拓宽了自己的道路。

小杜毕业后初入社会，在某合资公司外贸部就职，不幸碰上一个爱拍马屁、什么本事都没有的主管。此人每天下班后没有什么事儿，为了表现自己，就向他的上司王总提出“加班”请求，以示自己的敬业，结果无事生非，把白天整理好的文件弄得一团糟，出了错误后，他又把责任全部推给小杜。小杜不是一个会“争”的女孩子，只好忍气吞声，等着王总长出“火眼金睛”，结果等了三个月，还是等不来一句公道的话。

一气之下，小杜就去了另一家外资公司。在那里，她的出色博得了许多同事的称赞，但无论如何也没法使苛刻、暴躁的马经理满意。她心灰意懒，又萌动了跳槽之念，于是向新加坡总裁递交了辞呈。总裁先生没有竭力挽留小杜，只是告诉她自己处世多年得出的一条经验：如果你讨厌一个人，那么你就要试着去爱他。总裁说，他就曾经鸡蛋里挑骨头般地在一位上司身上找优点，结果，他发现了老板两大优点，而老板也逐渐喜欢上了他。

小杜依旧讨厌她的经理，但已悄悄地收回了辞呈。她说："现在想开了，作为一个成熟的人应该放开心胸去包容一切、爱一切。换一种思维看人生，你会发现，乐趣比烦恼多得多。"

人们之所以不喜欢一个人，其实往往源于表面现象，因为不喜欢而与这些人发生不必要的摩擦。有趣的是，这些人也会觉得对方不可爱。所以，只有宽容才是化解这一切的好办法。

有时候，不喜欢一个人，只是因为不了解。卡耐基说："如果你不喜欢人们，有个简单的方法可以教化这种特性——寻找别人的优点。你一定会找到一些的。"释迦牟尼说："以爱对恨，恨自然消失。"试着去爱你不喜欢的人吧，他们也会喜欢你的，充满爱的世界才是真正意义上完美的世界。

但是，需要明确的是，宽容绝不是无原则的宽大无边，并不意味对恶人横行的迁就和退让，也非对自私自利的鼓励和纵容，而是建立在自信助人和有益他人基础上的适度宽大。谁都可能遇到形势所迫的无奈，无可避免地失误，考虑欠妥的差错，面对这种情况应该宽容，而对于那些蛮横无理和屡教不改的人，则不应手软。从这一意义上说"大事讲原则，小事讲风格"，才是应该采取的态度。

因为大，大海才有容纳百川的肚量和气势；因为宽广，大海显得比小河更完美。

在人生的旅途中，若想在繁复的琐事中保持宁静，若想在困厄时得到援助，平时就要待人以宽，相容相纳。用宽广的心胸营造幸福完美的人生。

## 4、我们永远是自己忠实的“粉丝”

我们每一个人都是独特的，有自己特定的优点和不足，但我们从来不是别人的从属和附庸，只有真实地生活在自己的世界里，我们才能找到自己快乐的人生。即使没有人欣赏我们，那么还有我们自己欣赏自己。

渴望得到别人的欣赏是人的本性，自己的能力被别人肯定是一件让人兴奋的事情。但是，很多人把得到别人的肯定作为自己的终身奋斗目标，一旦得不到别人的欣赏就会一蹶不振，夸大自己的不完美。其实大可不必。

美国心理学家维恩·戴埃曾写过一个寓言故事，大意是说一只老猫见到一只小猫在追逐着自己的尾巴，便问道：“你为什么总是在追自己的尾巴呢？”小猫说：“我听说，对一只猫来说，最为美好的就是自己的幸福，而这个幸福就是自己的尾巴。”老猫说：“我小时候也像你这样想过，但我现在已经发现，每当我追逐自己的尾巴时，它总是一躲再躲，而当我着手做自己的事情时，它总是形影不离地伴随着我。”

这则寓言故事阐述了这样一个道理：如果心中没有渴望等待别人欣赏的初衷，就会消除很多的自我桎梏。舒展自己的个性，发挥自我行为的主动性，学着欣赏自己，赢得不应该失去的机会，才能得到别人更多的欣赏与赞赏。只有放弃追求众人赞美的完美性，才能让你自身的完美真正地显露出来。

得到别人真诚的鼓励和真正的欣赏，可以帮助一个人战胜自我，获得自信，从而更加勇敢地面对生活。但是别人的赞赏可遇不可求。

佛说，求人不如求己。因此，最简单的让自己快乐起来的方法就是学会自我欣赏，适当地自我鼓励，从点点滴滴的自我完善中获得快乐。

一个人的魅力可以由自己的心境制造。美国著名的音乐家麦克约瑟说：“你自己与自己的心交流，要赞美它，让它感到你对它的赏识，那时候它才向你释放灵感。”是的，我们只有欣赏自己，才能发挥自己。与其站在那里眺望别人的背影，不如坐下来静静地想一想自己走过的每一个坚实的脚印，只要努力寻找，就会发现自己的生活中亦有许多值得骄傲的地方。

欣赏自己，不是鄙视别人的狂妄自大，而是源于对自己生命的珍视和热爱；欣赏自己，不是让自己成为“井底之蛙”而不见更广阔的天空，而是让自己抛弃浮躁后更成熟地走向远方。

一家报纸曾刊登了这样一件事情，说的是父亲心情不好时，喜欢在阳台上摆弄他的几株花；儿子的心情不好时，则喜欢到阳台上欣赏父亲的花。父亲说，从浇花松土、除草施肥中可以得到最好的享受，儿子却认为赏花才是最好的享受。父亲的实验项目被人换了，他沮丧了好几天，闲时就到阳台上种花，儿子心疼父亲的身体，到阳台看他。父亲凝视着花盆里的一株小草，一动也不动。

“爸爸，为什么不把它拔了？”儿子问。

父亲说：“它太嫩了，拔了可惜呀！”

儿子觉得好笑，说：“一株草有什么可惜的？”

“爸爸，你欣赏这草？”儿子同时又觉得惊诧。

父亲突然回过头来说：“不，我是在欣赏我自己。”

“啊！”儿子不禁一愣，一向书生气十足的父亲，说这句话时竟有几分儒雅以外的严厉和坚定。

父亲忽然缓缓地说：“我欣赏我自己，因为我和这小草一样坚忍不屈。你看，这花盆里净是些用来固定花苗的瓦砾，这草茎硬是从瓦砾间钻出来。我也是这样，我的实验项目被人换掉了，但我昨天又递交了参加实验的申请书，我要参加这次我并不拿手的实验，想看看自己的能力。仅仅这一点，就值得自我欣赏。”父亲顿了一下，爱怜地问，“孩子，你欣赏你自己吗？”

儿子又愣住了，欣赏自己，这是何等高深的话题呀！

父亲见他没回答，笑着对他说：“欣赏自己，就要发现自己的闪光点，要自信、要乐观。你已经是大人了，应该明白了。”父亲的话很深沉，但儿子听得很入耳，他知道父亲正用深深的父爱，浇铸着他的品格、性格和人格。

我们不可能营造完美的自己，但是我们应该学会欣赏自己，欣赏自己的开朗自信，欣赏自己的聪慧大方，欣赏自己的平凡普通，欣赏自己的独一无二。人的一生，或许有不少人会值得自己欣赏，但是最应该欣赏的还是自己。

卡耐基说过一段耐人寻味的话：“发现你自己，你就是你。记住，地球上没有和你一样的人……在这个世界上，你是一种独特的存在。你只能以自己的方式歌唱，只能以自己的方式绘画。你是由你的经验、你的环境、你的遗传造就的你。不论成功与否，你只能耕耘自己的小天地；不论成功与否，你只能在生命的乐章中奏出自己的音符。”

的确，我们每个人都是独一无二的，没有人可以取而代之。这个独特的“我”，既有优点，也有不足。一个人只有充分地自我接纳，懂得欣赏自己，才能自信地与人交往，出色地发挥自己的才能和潜力。假如一个人不懂得欣赏自己、接纳自己，老是以怀疑的、否定的态度看待自己，就有可能限制甚至扼杀自己的创造力。事实上，我们的身边因为自卑自怜、自暴自弃等各种心理原因而造成的悲剧事例已经太多，不但给家人造成痛苦，而且给社会造成损失。当然，就更别说怎样赢得别人的欣赏和肯定。

欣赏自己并不是傲视一切的孤芳自赏，也不是唯我独尊的狂妄不羁。因为它不需要大动干戈的气势，也不需要改头换面的勇气，它只属于一种醒悟，一种面对困难时能给予自己信心的源泉，一种推动自己向挫折挑战的动力。

在一次讨论会上，一位著名的演说家手中高举着一张 20 美元的钞票，面对在场几百个人，他问："谁要这 20 美元？"一只只手举了起来。

他接着说："我打算把这 20 美元送给你们中的一位，但在这之前，请准许我做一件事。"他说着将钞票揉成一团，然后问："谁还要？"仍有人举起手来。

他又说："那么，假如我这样做又会怎么样呢？"他把钞票扔在地上，又踏上了一只脚，并且用力碾它。而后他拾起钞票，钞票已变得又脏又皱。"现在谁还要？"还是有人举起手来。

"朋友们，你们已经上了一堂很有意义的课。无论我如何对待那张钞票，你们还是想要它，因为它并没有贬值，它依旧是 20 美元。人生的路上，我们会无数次被自己的决定或碰到的逆境击倒、欺凌甚至碾得粉身碎骨。我们觉得自己似乎一文不值。但无论发生什么或要发生什么，在上帝的眼中，你们永远不会丧失价值。在他看来，肮脏或洁净，衣着整齐或不整齐，你们依然是无价之宝。"

人生自古多磨难。但是，只要我们学会欣赏自己，就会觉得幸福其实是那么平常，它只是小石子落在水面上荡起的微微涟漪，而吃苦也并非那么可怕，它只是波涛拍打礁石而泛起的点点水花。当然，这种欣赏是一种务实精神，一种一步一个脚印的态度。

如果我们被繁重的工作或学习的巨大压力所左右，那么不妨停下来歇一会儿，不要只顾在匆匆行程中奔波，不要再把烦恼和自怨塞进行囊。泡上一壶清茶，学会欣赏一下自己，那么，我们会很惊奇地发现，其实自己也很出色。

欣赏自己的人是自信的人，欣赏自己的人也是会学习的人。因为欣赏自己的人总是带着同样欣赏的目光去欣赏别人——只是欣赏，而不是崇拜或者羡慕。于是，他们很容易把别人的优点变成自己的优点。

尽管我们自己并不完美，但这个世界本身就不完美。我们必须学会自我欣赏、自我品评，学会在无人喝彩的时候能照样前行，而且行得更好。

我们每个人来到世间的使命都不一样，只有放弃苛求自己完美，才能肯定自己，相信自己，欣赏自己，才能活出生命的荣耀，让独一无二的自己，闪亮起来。

## 5、珍惜自己拥有的一切

满足是快乐的前提，如果心中不满，就不会快乐。一个人可以对事业、对理想永远不满足，但是一定要学会珍惜现在所拥有的一切。

有一位青年，总是埋怨自己时运不济，命运多舛，不能像别人一样发财，因此终日愁眉不展。这一天，走过来一位须发皆白的老人，问：“孩子，你为何如此闷闷不乐呢？”

青年看了一眼老人，叹了口气：“我是一个名副其实的穷光蛋。我没有房子，没有工作，没有收入，整天饥一顿饱一顿地度日。像我这样一无所有的人，怎么能高兴得起来呢？”

“傻孩子，”老人笑道，“其实，你应该开怀大笑才对！”

“开怀大笑？为什么？”青年不解地问道。

“因为你其实是一个百万富翁啊！”老人有点诡秘地说。

“百万富翁？你别拿我这穷光蛋寻开心了。”青年不高兴了，转身欲走。

“我怎敢拿你寻开心？孩子，你现在能回答我几个问题吗？”

“什么问题？”青年有点好奇。

“假如，现在我出 20 万金币，买走你的健康，你愿意吗？”

“不愿意。”青年摇摇头。

“假如，现在我出 20 万金币，买走你的青春，让你从此变成一个小老头，你愿意吗？”

“当然不愿意！”青年干脆地回答。

“假如，我现在出 20 万金币，买走你的容貌，让你从此变成一个丑八怪，你愿意吗？”

“不愿意！当然不愿意！”青年头摇得像拨浪鼓。

“假如，现在我再出20万金币，买走你的智慧，让你从此浑浑噩噩，度此一生，你愿意吗？”“傻瓜才愿意！”青年一扭头，又想走开。

“别慌，请回答完我最后一个问题——假如现在我再出20万金币，让你去杀人放火，让你从此失去良心，是否愿意？”

“天哪！干这种缺德事，魔鬼才愿意！”青年愤愤地回答道。

“好了，刚才我已经开100万金币了，仍然买不走你身上的任何东西，你说你不是百万富翁，又是什么？”老人微笑着问。

青年愕然无言，突然间好像明白什么了。

在羡慕别人的同时，我们往往忽略了自身的财富。健康、青春、美貌、智慧、良心，每一样都是无价的，而当我们具备这些时，我们还缺什么呢？好好珍惜自己所得，好好利用自己所有，放弃那些对于自己尚无法拥有的东西的渴望，放弃因自己是不完美的而产生的忧伤，我们会发现自己已经是一个百万富翁了。

人生的悲哀，不在于没有拥有财富，而在于没有意识到自己所拥有的财富。我们是一个健全的人，比起那些天生有缺陷的人，我们岂不是很幸运？我们拥有健康，如果我们早上醒来发现自己还能自由呼吸，我们就比在这个星期中离开人世的人更有福气。

欧洲有一位著名的女高音歌唱家，仅仅三十多岁就已经红得发紫，而且郎君如意，家庭美满，令人羡慕不已。

一次她到一个国家开独唱音乐会，入场券早在一年前就被抢购一空，当晚的演出也受到极为热烈的欢迎。演出结束之后，歌唱家和丈夫、儿子从剧场走出来的时候，一下被早已等在那里的观众团团围住。人们七嘴八舌地与歌唱家攀谈着，其中不乏赞美和羡慕之词。

有的人恭维歌唱家大学刚刚毕业便进入了国家歌剧院，成为扮演主要角色的演员；有的人恭维歌唱家有个腰缠万贯的大公司老板丈夫，而膝下又有个活泼可爱、脸上总带着微笑的小男孩儿……

在人们议论的时候，歌唱家只是在听，并没有表示什么。等人们把话说完以后，她才缓缓地说："我首先要谢谢大家对我家人的赞美，我希望在这些方面能够和你们共享快乐。但是，你们看到的只是一个方面，还有另外的一个方面没有看到。那就是你们夸奖活泼可爱、脸上总带着微笑的这个男孩。不幸的是他是一个不会说话的哑巴，而且，在我的家里他还有一个姐姐，是需要长年关在铁窗房间里的精神分裂症患者。"

歌唱家的一席话使人们震惊得说不出话来，你看看我，我看看你，似乎很难接受这样的事实。

这时，歌唱家又平心静气地对人们说："这一切说明什么呢？恐怕只能说明一个道理，那就是上帝给谁的都不会太多。"

有时我们所拥有的，别人不一定拥有，每个人有他的长处，每个人也都有他自身的不足，因此，我们不必为别人的拥有而失意，应该多为自己拥有的而开怀。并不是我们所拥有的东西使我们快乐，而是我们所喜欢的东西才能给我们带来欢乐。

很多人都有这种感觉，在不经意中发现很美好的事物，可是当刻意去寻找时，就再也找不到了。于是，感叹失去的时候才知道珍惜，而一生都在寻找的痛苦中度过。其实，每个人都实实在在地拥有"现在"，总是不断地悔恨过去，抱怨现在，企盼明天，势必浪费"现在"。因为明天还会变成今天，今天还会变成昨天，而"现在"不会无限期地延长，当生命不再，空留余恨，悔之则晚矣。所以我们能做的就是珍惜现在，好好把握现在，也就等于把握了一切。

现在的时间，现在的拥有，就是财富，我们应该有一份感恩的、知足的心。罗曼·罗兰说过，我们生活在没有变故的日子里，不觉得一切顺利进行是多么可贵和多么值得我们欣慰和感谢。因此，一定要学会珍惜现在拥有的一切。

珍惜拥有不是自我麻醉、自欺欺人，而是握紧自己手中的幸福，丢掉那自寻烦恼的悲观失意，以乐观向上的轻松姿态去迎接每一天的朝阳。

珍惜拥有，我们首先要珍惜生命；珍惜拥有，还要珍惜工作；珍惜拥有，还要珍惜家庭，珍惜夫妻、恋人之间的感情；珍惜拥有，还要珍惜友谊；珍惜拥有，还要珍惜时间……尽管一切都并不完美，但是只要拥有现在，我们就可以创造完美的未来。

人生路上，真正属于自己的东西并不多，珍惜现在的所有，肯定现在的价值，放弃苛求它的完美，不要等到失去，才发现曾经的美好。命运掌握在自己的手中，一再错过的悲剧人生，是因为没有好好把握现在。

人生苦短，如果想让你的人生亮丽多彩，那就请珍惜现在拥有的一切，放弃苛求完美，只看到你所有的，你会为自己的拥有而开怀。

## 6、你不可能让所有人都满意

我们之所以不能让所有人都满意，是因为我们并不是所有的人。

两兄弟在街上买了一头驴子，回家的时候，哥哥心疼弟弟，让弟弟骑驴，自己牵绳步行。旁人就说："弟弟不懂事，自己骑驴却让哥哥步行。"

弟弟不好意思，于是就让哥哥骑驴，自己步行。

这时又有人说："哥哥真不懂事，只顾自己骑驴，却让弟弟步行。"

兄弟两人就只好都骑在驴子上，别人又批评他俩虐待驴子。

最后，两个人只好都不骑驴子，这时仍然有人在笑话他们："有驴子不骑，真是太蠢了！"

这个故事告诉我们，做任何事情都不可能让所有人都满意，因为每个人的看法都不一样，所以也不必过于在意别人的议论。

为人处世要讲求一定原则，只要襟怀坦白，无愧于心，就不要在意别人的说法。因为你不管怎么做，只是一个人的力量，不可能让所有人都满意，再说林子大了，什么鸟都有，世界大了，自然也是什么人都有。既然如此，那么就不要去试图苛求得到所有人的认可。反过来想，如果可以使所有的人都满意，说明大家的观点都一样，姑且不说社会的发展和进步，就是世界也会变得千篇一律，而不会如此五彩缤纷，精彩异常。

无须让所有人都满意，意思很简单，道理却很深刻：社会由众生构成，每个人从不同角度去看问题，这就必然有各自满意与不满意的地方。就是同一个人随着社会经验、人生阅历的增加，也可能不同时期有不同看法。所以每做一件事只要不违背原则，无须让所有人都满意。事实上也不可能让所有的人都满意，只要自己问心无愧即可。

“公说公有理，婆说婆有理”。面对同一件事情，有多少个人就有多少种道理。人生不是做算术题，每一个问题都有固定的标准答案。很多时候，谁是谁非难以定夺。如果企图把每一件事情都弄得清清楚楚，那样势必把自己搞得太累。其实，只要不是大的原则问题，还是随意一点好。

从前有个画家，想画出一幅人人见了都喜欢的画。他把画好的画放在路边，在画旁放了一支笔，并附上一则说明：亲爱的朋友，如果你认为这幅画哪里有欠佳之笔，请赐教，并在画中标上记号。

晚上取回画时，整个画面都涂满了记号——没有一笔一画不被指责。画家心中十分不快，对这次尝试深感失望。

他决定用另外一种方法再去试试，于是他又画了同样的一幅画拿到路边。这次他请每位观赏者将其最为欣赏的妙笔都标上记号。结果是，一切曾被指责过的笔画，如今却都换上了赞美的标记。

最后，画家无不感慨地说：“我现在终于明白了，自己做什么只要使一部分人满意就足够了。因为有些人看来是丑的东西，在另外一些人的眼里则恰恰是美好的。”

就像故事中的人那样，每个人的欣赏水平，欣赏角度不一样，所以对同一事物的评价也是各不相同，所谓“众口难调”说的就是这个意思。尤其是在进行艺术创造的时候，如果在意大家的观点，那么创作就会趋于大众口味，结果可能平平。综观古今中外，那些流芳后世的作品在当时许多都是不被接受的，比如大画家凡·高，他一生贫困潦倒，他的画不被人欣赏，直到他去世之后，人们才发现他作品的伟大艺术成就，而和凡·高同时代的，在当时声名显赫的画家又有几个人能被后世人知晓呢?

不仅在创作中是这样，在日常生活中，由于习惯、爱好不同，也难免会不合别人的标准，或者能力有限，难免受到非善意的嘲笑。此时，我们都应该坚持自己的原则，放弃那种太在意别人的心态，让自己活得轻松一些。

放弃完美，我们不仅不能要求别人完美，也不能要求自己完美，只要随性就好，我们每个人都有自己的特质，具有别人不可替代的作用。

别人说的，让人说去；别人做的，让人做去。我们控制不了别人的言论自由，但是，绝不要被人家的评价牵住自己，更不要因别人的言语而苦恼。自己就是自己，自己才是自己的主人。

## 7、残缺也是一种至美

维纳斯是希腊神话中代表爱与美的女神。从雕像被发现的那一天起，就被公认为是迄今为止希腊女性雕像中最美的一尊。但是多少年来，人们最为欣赏的，往往是维纳斯的断臂之美。

维纳斯的大理石雕塑，高 203 厘米，由两块大理石拼接而成，两块大理石连接处非常巧妙，是在身躯裸露部分与裹巾的相邻处，大约是在公元前 130 年制成的。这尊雕像至今依然保存在巴黎罗浮宫，供后世人参观。

对于这个爱与美的化身，艺术家们对她倾注了不计其数的赞誉和歌颂。维纳斯的身材秀丽，肌肤丰腴，美丽的椭圆形面庞，希腊式挺直的鼻梁，饱满的前额和丰满的下巴，平静的面容，流露出希腊雕塑艺术鼎盛时期沿袭下来的理想化传统。她那微微扭转的姿势，使半裸的身体构成了一个十分和谐而优美的螺旋形上升体态，富有音乐的韵律感，充满了巨大的魅力。作品中维纳斯的腿被富有表现力的衣褶所覆盖，仅露出脚趾，显得厚重稳定，更衬托出了上身的美。她的表情和身姿是那样的庄严崇高而端庄，像一座纪念碑；她又是那样优美，流露出最抒情的女性柔美和妩媚。人们似乎可以感觉到，女神的心情非常平静，没有半点的矫饰和羞怯，只有纯洁与典雅。她的嘴角上略带笑容，却含而不露，给人以矜持而富有智慧的美感。

但是这样一个近乎完美的艺术品，却因为一场争夺而失去了双臂。

据法国舰长杜蒙·居维尔的回忆录记载，维纳斯出土时的双臂还是完整的，右臂下垂，手扶衣襟，左上臂伸过头，握着一个苹果。当时法国驻米洛斯领事路易斯·布勒斯特得知这个塑像出土，就赶往伊奥尔科斯的家中，打算以非常高的价格购买此雕像，农民伊奥尔科斯同意了他的要求。但由于他手头没有足够的现金，就只好派居维尔连夜赶往君士坦丁堡报告给法国大使。法国大使听完汇报后立即命令秘书带了一笔巨款随居维尔连夜前往米洛斯购买女神像，却不知农民伊奥尔科斯此时已经将神像卖给了一位希腊商人，而且已经装船外运。居维尔当即决定以武力截夺。英国得知这一消息之后，也派舰艇赶来争夺，双方展开了一场激烈的战斗，混战中雕塑的双臂不幸被折断，从此，维纳斯就成了一个断臂女神。

我们姑且不去讨论这些人的利欲熏心，但是这场战争就说明了维纳斯那喷薄欲出的魅力。断臂后的维纳斯成了一种缺憾，但是依然掩饰不住她的美丽，全世界的人都为之心动不已。

事实上，残缺本身并不美丽，但是残缺把美丽衬托得更为突出，更为震撼。这便是残缺美的本质所在。雕像没有追求纤小细腻的外形，而是采用了简洁的艺术处理手法，体现了人体的美丽和内心所蕴含的美德。整尊雕像无论从任何角度欣赏，都能发现某种统一而独特的美，这种美不再是古希腊大部分女性雕像中所表现的“感官美”，而是一种古典主义的理想美，充满了无限的诗意，在她面前，几乎一切人体艺术作品都黯然失色。

也有很多追求完美的艺术家想将其修复，想让她向世人展示那完整的美丽。然而，几个世纪过去了，没有哪个伟大的人能成功地为她接上那段神秘的玉臂，有的只是画蛇添足的叹息。她却因给人留下无数的遐想空间，而更加富有魅力。

每个人都有一个人生，每个人都渴望它开出灿烂的花、结出甜美的果。

可是，倘若所有的美好都是水到渠成、顺其自然，没有忧患，没有障碍，没有防备，那么生活这一份残缺的美丽将无处安身。生活，不是一桌十全十美的满汉全席，尽是美味佳肴，醇美甜酒；因为它所有的美丽，都是经过一滴滴汗水和一份份真情纯善的发酵，与一次次智慧的升华，才历久弥香。人生，本是一张零散的记忆拼图，只有不停地尝试，不断地改变，不断地拼凑，不断地融合，才能够拥有一个完整、灿烂的花火人生。

所以，不要刻意去躲避生活的不幸，迎合安逸的怯懦，在树荫下惬意乘凉；不要排斥人生的苦与难，只愿在春暖花开的季节里一路顺风地成长，不愿在充满激流暗礁的险峻大海中逆流而上。不要对残缺的生活或人生歇斯底里，释怀不了生活的残酷无情，适应不了无常的环境，对人生漫漫苦旅中所有的坎坷与曲折，抱以一种不正确而极端的心态。

只有经历风雨的彩虹才是最美的，同样，只有经过苦难洗礼的人生是最有意义的。我们要感谢经历，感恩苦难，是不幸与残缺赋予了我们对岁月一种深深地懂得。

残缺，是一种岁月的历练，是一份人生智慧的提炼，是一种生活的熏陶与享受。

生活亦是如此，如果你只对它的残缺抱以失望，看不到希望，那么就意味着你的灵魂已经丢失了一面审视自己的镜子。

生活或许是一洼浅浅地天然积水，却蕴藏着浅显而深奥的道理。当你心静如水，戒除浮躁，不急不迫，微笑从容，以一种乐观向阳的心态探索它的奥妙时，你一眼可以看见它底部的流沙，因为你的世界清澈洁净，你的追求与欲望无关。当你以一种急功近利的心态，去审视它的深度与价值，你可能永远也看不清它的本质与意义，因为你无休无止的索取已渐而渐尽地把生活这一洼清澈的积水搅黄，变得浑浊、丑陋，将它原本最素洁的面容改得面目全非，因为你的出发点与它最初的本心背道而驰，最后形同陌路。

“这个世界上有很多事情，你以为明天一定可以继续做的；有很多人你以为一定可以再见到面的，于是，在你暂时放下手，或者暂时转过身的时候，你心中所有的，只是明日又重聚的希望，有时候甚至点这点希望也不会感觉到。”

残缺，也是一种美。因为残缺，所以懂得珍惜与感恩，收获一份生活的智慧。

# 第九章　舍弃贪痴私欲

——得到人生大快活

因为人到无求品自高、人到无私功自大、人到无欲自然正，能够无求、无私、无欲不就很好做人了吗？格除自心私欲之物，乃是明明德之根本。穷尽天下事物之理，乃末之又末之事。

——星云大师

## 1、微笑是生活的根基

微笑挂在脸上，会融入别人的心里，若不懂得微笑，就不会珍惜人与人之间的真情实感，更不用说享受温馨的氛围了。如果说微笑是坛陈年老酒，那么笑得越坦诚，越真挚，就越能醉人心腑；如果说微笑是滴清晨的甘露，那么笑得越纯洁，越阳光，就越能涤去尘世浮躁的心绪。

有句名言是这样说的：一切的和谐与平衡，健康与健美，成功与幸福，都是由乐观与希望的向上心理产生与造成的。这其实就是微笑所能产生的力量。你要牢记面带微笑地传递你的声音，一个细小的动作，会让人深切感受到你心情的愉悦，这种快乐的情绪会产生感染的力量，让他不由自主地感受到你阳光的、明媚的、温馨的笑容，无意间就会树立一种谦和、真诚的印象。

微笑的作用就是一剂快乐的催化剂，可以使陌生人感到亲切，使朋友感到安慰，使亲人感到愉悦。利用好微笑的力量，不仅会达到融洽关系的作用，还能起到消除隔膜的功效。但紧张的生活和工作压力，让人忽视了微笑的存在，如和熟人打招呼，也是形式般僵硬地笑笑了事，没有真正理解微笑潜在的魅力，形成了交际中的隔膜和怨恨，导致人与人的不理解和言语冲突。

微笑就是这样一种力量，当你真诚地面对一个人时，你的微笑会如阳光般暖醉他，会如碧水般溶化他，会如绿荫般萦绕他，让家人和朋友深深地感受到幸福般的荡漾。在这种力量的昭示下，只要奏响快乐生活、明媚生活的畅想曲，我们就会不断地享受到微笑的力量。

因为感到愉悦，才会微笑；因为感到幸福，才会微笑。微笑带来的好处很多，不过尽管如此，还是有些人不喜欢它，而能拥有它的人，一定能与他人相处融洽。

微笑在人际关系当中，扮演着不可或缺的角色，就像植物不能没有水分，人类不能没有食物。在人与人相处的过程中，如果大家都不微笑，那么，不论相处多久都不会产生交集。就像都市大厦的住户，明明两户只隔了几米，但是见面也视若无睹，几年下来，两家的关系也不会有发展。

如果不常微笑，结果可能会是人际关系不佳，因为不会有人喜欢成天板着脸的人，更不可能拿自己的热脸去贴别人的冷屁股。如果能保持微笑，不只是自己开心，周遭的人也能因此受惠。

生活并没有亏欠我们任何东西，所以没有必要总苦着脸。我们应对生活充满感激，至少它给了我们生存的空间。微笑是对生活的一种态度，跟贫富、地位、处境没有必然的联系。一个富翁可能整天忧心忡忡，而一个穷人可能心情舒畅；一位处境顺利的人可能会愁眉不展，一位身处逆境的人可能会面带笑容。一个人的情绪受环境的影响，这是很正常的，但你一副若大仇深的样子，对处境并不会有任何的改变，相反，如果微笑着去生活，那会增加亲和力，别人更乐于跟你交往，得到的机会也会更多。只有心里有阳光的人，才能感受到生活的阳光，如果连自己都常苦着脸，那生活如何美好？生活是一面镜子，照到的是我们的影像，当我们哭泣时，生活在哭泣，当我们微笑时，生活也在微笑。微笑发自内心，不卑不亢，既不是对弱者的愚弄，也不是对强者的奉承。奉承的笑容，是一种假笑，而面具是不会长久的，一旦有机会，他便会摘下面具，露出本来的面目。微笑没有目的，无论是对上司，还是对门卫，那笑容都是一样，微笑是对他人的尊重，同时是对生活的尊重。微笑是有回报的，人际关系就像物理学上所说的力的平衡，你怎样对别人，别人就会怎样对你，你对别人的微笑越多，别人对你的微笑也会越多。在受到别人的误解后，可以选择暴怒，也可以选择微笑，通常微笑的力量会更大，因为微笑会震撼对方的心灵，显露出来的豁达气度让对方觉得自己渺小、丑陋。清者自清，浊者自浊。有时候过多的解释、争执是没有必要的。微笑发自内心，无法伪装，保持“微笑”的心态，人生会更加美好。

微笑的人是懂得爱的人，一定不会是平庸的。微笑是人生最好的名片，谁不希望跟一个乐观向上的人交朋友呢？微笑能给自己一种信心，也能给别人一种信心，从而更好地激发潜能。微笑是朋友间最好的语言，一个自然流露的微笑，胜过千言万语，无论是初次谋面也好，相识已久也好，微笑能拉近人与人之间的距离，令彼此倍感温暖。微笑是一种很重要的修养，微笑的实质是亲切，是鼓励，是温馨。真正懂得微笑的人，总是容易获得比别人更多的机会，更容易取得成功。

中国曾有“君子不失色与人，不失口于人”的古训，意思是说，有道德的人待人应该彬彬有礼，不能态度粗暴，也不能出言不逊。礼貌待人，使用礼貌语言，是我们中华民族的优良传统。确实，礼貌是教养的主要标志。礼貌不仅能反映一个人的知识和教养水平，而且能映出一个城市、一个国家的精神面貌和文明水准。

## 2、喜悦是一件值得庆祝的事

快乐的决定权在于自身，更确切地说，快乐是一种心境，一种精神状态，人们可以通过创造快乐的心境来使自身获得更多的快乐。

对于一个人来说，快乐地活着就是成功的人生。谁都会渴望自己能够拥有更多的快乐，然而快乐却不是人人都能拥有的，于是有的人开始怨天尤人，怪命运多舛，抱怨事业不顺、家庭不和……其实这些都不是你不快乐的决定因素，真正决定你快乐与否的只是你自己。

快乐其实是一种心境，一种精神状态。快乐发自内心，你可以随时创造一种“我很快乐”的心境，大多数人要多快乐，就会有多快乐。如何才能使我们获得快乐呢？

（1）微笑。如果你一直使自己的情绪处于低落的状态，例如你肩膀下垂、走起路来双腿仿佛有千斤重似的，那么你就真会觉得情绪很差。你要是一脸哭相，没有人愿意理睬你。那么要怎样改变呢？很简单，你只要深吸口气，抬起头来挺起胸，脸上露出微笑，并摆出生龙活虎的架势就行了。微笑和打哈欠同样会传染的，如果你真诚地对一个人展颜而笑，他实在无法对你生气。

（2）放松。快乐的人总是这样对自己说：“我觉得快乐，我会在各方面干得越来越好，我会越来越快乐。”你反复地对自己说一些话，如“我很放松”“我很平静”，等等，时间久了这些话就会进入你潜意识中。

（3）忆趣。现在，我们一起来尝试一下幻想愉快的心理图像。首先，放松你的下巴，抬起你的脸颊，张开你的嘴唇，向上翘起你的嘴角，对自己说“忆些趣事”。把快乐图像化，像一部电视片一样播放，这就是愉快的心理图像法。

（4）大声讲话。受压抑的人说话声音明显地细小，表现得自信心不足，一点也不快乐。所以你要尽量提高你的音量，但不必对别人大声喊叫。你只要有意识地使声音比平时稍大就行。

（5）抬头挺胸。你仔细观察就会发现，那些遭受打击、被别人排斥的人走路都很懒散，显得很邋遢，完全没有自信。快乐的人则表现出超凡的信心，他们走起路来比一般人快，像是在短跑。抬头挺胸走快一点，你会感到快乐在滋长。

（6）利用自己的优点。假如有人告诉你，你在电话里很会说话。你认为这没什么了不起。然而要知道，有许多人都觉得这么做非常困难，因此这的确是你值得骄傲的优点。快乐的来源是发现并利用你真正的优点，这使你的自我意识变得更加美好，你也就愈快乐。

（7）分享。一个人问上帝："为什么天堂里的人快乐，而地狱里的人却不呢？"于是上帝带他来到地狱，他看到许多人围坐在一口大锅前，锅里煮着美味的食物，可每个人都又饿又失望，因为他们手里的勺子太长，没法把食物送到自己口中。接着，他们又来到天堂，这里的勺子也很长，可是人们用勺子把食物送到了别人的嘴里。与别人分享快乐可以使快乐永驻。

（8）感恩。你若能学会心怀感激，就会减少很多愤怒。你只有心怀感激，才会真正快乐起来。若一个人就只有怨怼，心情自然好不起来。一颗感恩的心将为你开创快乐的奇迹。

当然上面说的这些一下子做到是不可能的，你可以慢慢来，那是应该能做到的。因为能够决定你是否快乐的就是你自己的心态，调整好心态，选择了快乐，自然也就拥有了快乐！

## 3、用平和心态应对生活中的挫折

每个人生活中都会有一些不如意的事情，而这些不如意的事情带给每个人的影响又各不相同，有些人可能会因为这些不如意的事情而郁郁寡欢，也有些人会从中发现快乐。其根本的原因在于心态，平和的心态无疑是面对挫折和打击的有力武器。

我们每个人的心灵都处在不同状态之中。心灵的智慧和力量虽无穷无尽，但心灵是否能发挥出力量，这完全取决于心态。一个人如果想有大的成就，就要具备很多条件，最重要且往往容易被忽视的，就是沉稳平和的心态。

做到这一点，就看你有多深的涵养功夫，这对你的为人处世有很大益处。古人说："涵养怒中气，提防顺口言，留心忙里错，爱惜有时钱。"就是说，在平常生活中应多加注意，耐心、小心、细心和恒心。要做到，不以物喜，不以己悲。这是人生的一种境界。跌倒并不可怕，重要的是懂得站起来如何应对。

虽然烦恼来无影去无踪，但当烦恼来临时，人们也并非束手无策。人要想排除烦恼的困扰，首先要学会宽容和忍让，要去除嫉恨之心，要学会宽宏大度，要有"宰相肚里能撑船"的雅量。同时要学会理解人、体贴人，能够以诚待人，以情感人，不要为一些小事而耿耿于怀。如果双方都逞强好胜，矛盾就会愈积愈深，最后发展到势不两立的地步，既破坏了人际关系，又影响相互团结，还有损身心健康。所以，要善于调整自己的心态，学会排解生活中烦心的事情，任何烦恼都会冰消雪融。

其实，上帝对每个人都是公平的，只是每个人面对烦恼时，考虑问题的角度不同罢了。凡事应该多往好的方面想一想，心中才会有豁然开朗的感觉，眼前才会出现"柳暗花明又一村"的景象。

人生是短暂的，所以，生活中不要因一些鸡毛蒜皮、微不足道的小事而耿耿于怀，为这些小事而浪费你的时间、耗费你的精力是不值得的。英国著名作家迪斯雷利曾经说过：“为小事生气的人，生命是短暂的。”如果你真正理解了这句话的深刻含义，那么你就不会再为一些不值得一提的小事情而生气了。

如果我们有点事就大发脾气，难道对方就能得到惩罚了吗？结果只能适得其反。如果我们生气大哭一场，只能把自己眼睛哭得红肿；如果我们喝闷酒，只能伤害自己的身体；如果我们疯狂购物，也只能挥霍自己的钱财，这其实都是在惩罚自己。生气不但解决不了问题，相反会把问题搞得复杂化。

每个人在追寻梦想的旅途上，都要经受风浪的考验。有的凭借勤奋与机遇率先达到了成功的终点，而有些人还奔走在奋斗的路上。要淡然应对一切，淡然地看待别人的成功，淡然地面对自己的现状。人生没有可比性，你是独一无二的自己，只要你在自己的生活轨迹中没有放弃行走，你就没有遗憾。

在面对失败或者挫折的时候，心里总会有一种不如意或者失意、失望的感觉，甚至会觉得非常痛苦。也许我们会自我安慰自己说“失败了大不了重新来过，没什么大不了的”，但是事情往往却是说得简单，做起来难，这时就需要我们平和自己的心态，用平和的心态来应对挫折和打击。要知道人生在世，只要做事就会有成功与失败，人人都难免。

我们需要知道，成功给人带来喜悦的心情，失败使人心情沮丧，这都是很正常的。这世上，谁都会面对人生中无数的成功与失败，我们需要做的是如何正确面对成功与失败。在失败向我们走来的时候，我们无须后悔，无须伤感，无须痛苦，我们要做的就是让自己拥有一个平和的心态。

## 4、把贪念保持在适当、健康和能够自控的范围之内

古人曾说过，君子爱财，取之有道。这个“道”讲的就是规则。合道之财，我们不让；不合道之财，我们不取。合道之财，取之，才能高枕无忧；不义之财，也就是所谓的横财，取之，则来得快去得也快。

贪婪是人类的天性，因此，不管是凡人还是圣人，都无法彻底根除自己贪婪的心理，无法抑制自己贪婪的天性，无法消除自己贪婪的念头。所有事业有成的人，都必须要有适当的企图心或者说是贪念，毕竟，激发出人类原始的行为才会推动人类社会地进步。因此，适当的贪念可以成为一个人事业进步的助推器，也可以成为一个人获取幸福生活的原始动力。

问题是如何把自己的贪念保持在适当、健康和能够自控的范围之内，这需要加强个人修养。有的人追求的是钱够生活就好，太多的钱反而会成为一种罪恶，一种负担；有的人则追求财富的无限化，哪怕是“路有冻死骨”也无动于衷；还有的人会用强烈的自控能力来克制自己过多的贪念，让自己生活得淡泊恬静。总的来说，太多的贪念会让自己生活得很不幸福，会让自己产生强烈的贪婪欲望。因此，一个人的贪念是应该控制在适当范围内的，失控的贪婪绝对会让自己蒙受更大的损失，有时还会付出自己的自由，甚至会是生命的代价。

人见到利益，都想得到，而且得到越多越好，这是人们共同的心理。看到别人赚钱，自己也想发财，这也是正常的现象。但是，有些聪明人恰恰因为贪婪之心而丧失自己的警惕，被别人欺诈。

明代有一个监生，博学有口才，本来还是可以有所作为的，但他被一个号称能炼丹的骗子骗去了一大笔银子。这个监生自然又气又恨，想到各地去漫游，希望抓住那个炼丹的人。事有凑巧，有一天，他忽

然在集市上碰见了那个炼丹的人。不等他开口，炼丹的骗子就盛情邀请他去饮酒，并且诚恳地向他道歉，说是上次很对不起监生，请他原谅。过了几天，那个炼丹的人又跟监生商量，说："我们这种人，银子一到手，马上就都花了，当然也没有钱还给你。现在我有个办法，有一个大富户和我已经说好了，等我的老师一来，就主持炼丹之事，可我老师一时半会儿又来不了，您要是肯屈尊，权且当一回我的老师，从那富户身上取来银子，作为我对您的抵偿，那就又快又容易，怎么样呢？"这个监生因为急着找回自己损失的银子，也顾不得许多，就答应了那个炼丹人的要求。于是炼丹人就让监生剪掉头发，装成道士，自己装作学生，用对待教师的礼节对待监生。那个大户与扮成道士的监生交谈之后，深为信服，两人每天只管交谈，而把炼丹的事交给了监生的"徒弟"，觉得既然有师父在，徒弟还能跑了？不想，那个炼丹的骗子看时机成熟，又携了大户的银子跑了，那个大户家人抓住"师父"不放，要到官府去告他。倒霉的监生大哭，说明了情况才得以脱身。像监生这样的人因为想要尽快地把自己的利益收回来，不计是否会损害别人，没有忍一时之贪，反而落得被人耻笑的地步。

一个人如果过于贪婪，就很容易被他人利用，这确实是一个问题。作为一个官员，如果贪无止境，那么他的政治前途也将要丧失；作为一个商人如果贪心不忍，那么他在商战中很快就会败下阵来。所以，就算是很聪明的人由于贪欲不止，往往只见利而不见害，结果是利益没有得到，祸害反而先来临了。

## 5. 做人要厚道，不要太刻薄

一个人在社会上生存，时刻要牢记厚道做人的原则，不要动不动就要心计，对人刻薄，这样的人不仅会让别人不快乐，也会使得这种刻薄的待人方式反噬自身，会影响自己的身心健康。

厚道是指：做人不刻薄，待人要好，不夸张，不骗人，表里如一，吃老实饭，干老实事，做老实人。厚道没有固定的含义，它只能是某种精神的体现，厚道也没有固定的形式，它更多的应该是对生命的一种实实存在的解释。厚道就如冬日的斜阳，夏日的和风，不论人品还是德行，都是能打动人的。厚道让人信赖，让人踏实，让人熨帖，让人感动。作为朋友，可交；作为同学，可信；作为老师，可敬；作为领导，可从；作为下属，可用。厚道人不会算计你，不会欺骗你，不会出卖你，与厚道人打交道就像在洒满月光的湖面上泛舟，让人宁静而温馨。

厚道不是愚钝，而很多时候像愚钝。所谓“贵人话语迟”，迟在对一个人一件事的评价沉着，君子讷于言。尤其在别人蒙羞之际，“迟”的评价保全了别人的面子。人们经常说，对人要厚道，更是以诚相待、大度宽容，厚道人宽厚待人，以心换心，拥有好人缘。

厚道乃做人之本，精明乃成事之道。厚道做人，精明做事，既不做碌碌无为的平庸者，也不做狡猾奸诈的小人，而做一名恪守中庸之道的君子，才能在人际交往中如鱼得水，左右逢源。在人际交往上，无论是在工作中，还是在建立家庭上，厚道都是基石。处世本无方法，但也总有一些高明的方法，那就是不要处处贪图人家的便宜，一件件事都要厚道的对待，这就是品格。品格可以发光，方法只是工具。厚道是经得起考验的高尚品格。

厚道的人有主张。和稀泥、做好人，是乖巧之表现，与“厚”无关。无准则、无界限，是糊涂之表现，与“道”无关。厚道的人也有可能倔强，也可能不入俗流，宁可憨，而不巧。生活中，常常有人会莫名其妙地不让你高兴，情不自禁地说刻薄的话。待人处世挑剔、无情的人，特别是言语上，总带锯齿。有人说刻薄可能源于能力不足，也可能源于心胸狭窄……其实，刻薄的人还可能是因为不幸福。换个角度，有一天，如果你不喜欢赞扬别人，看不惯所有的花朵，可能意味着你开始不快乐。越是强者，越宽厚；越是幸福的人，越能欣赏、悦纳别人的好。没有包容、欣赏别人的心，其实是不开心。多一点宽容，少一点褊狭，和颜悦色地谈天论地，心平气和地做人做事，关乎社会和谐，更关乎一个人的幸福。

## 6. 不为逞一时口舌之快

谦虚谨慎、宽容平和是人际交往的一大要点，切不可感情用事，一冲动就口不择言，甚至逞一时的口舌之快来讽刺别人。

交谈和沟通是彼此之间交换信息、想法和感受的过程，并不是辩论赛，没有必要分出高下。没有人喜欢总是被人驳倒，喜欢被强压在人之下。如果你只是为了逞一时口舌之快，非要置人于失败之地，恐怕会得不偿失。

为了与他人有更好的沟通，请你克制住自己争强好胜的个性，隐藏住自己咄咄逼人的口才技艺，舍弃这种竞赛式的谈话方式。不妨采用一种随性、不具侵略性的谈话方式。这样，当你在表达意见时，别人就比较容易听进去，而不会产生排斥感。对别人的意见，你也不妨站在他们的立场上考虑考虑是不是也有道理，即使你真的无法表示同意，也要拿出宽容的姿态。毕竟，这个世界上持不同意见的人很多，你不同意他，并不代表他就是错的。

一点小事，换一种说法完全就不是什么大不了的问题。可是说话太冲，不考虑别人的感受，张嘴就来，非要逞一时口舌之快，就可能激怒别人，让事情变得不好收拾。所以，与人交往不要刻意表现强势的作风，似乎让所有人都哑口无言是你的最高目标。嘴上占上风并不代表你有多么了不起，别人不会因为你的“伶牙俐齿”就佩服你，反而会以为你的不识抬举、不懂礼貌而厌恶你。

口舌关系还往往体现在自以为幽默上。

幽默本身并不是坏东西，但是没有原则的幽默可能会让人生厌，所以幽默也要注意方法。

嘲笑自己，不要轻易嘲笑他人。也许只是一个善意的小玩笑，但是可能会引起对方的不快，这是我们在人际交往中应该避免的。若是不知道对方心理的禁区，我们便不能那么随意地开对方的玩笑。但是嘲笑自己，则没有那么难操作。适可而止的自嘲往往会带来意想不到的结果。当然要记得，自嘲有时具有“嘲人”的刺激作用，运用它应格外慎重小心。通常情况下，应是“点到为止”，让人意会即可，不能一味放纵，喋喋不休。如同用过量的卤水点豆腐，会使豆腐变得苦涩一样，过分的自嘲，也会导致交际出现危机。

另外，要避免采取玩世不恭的态度。具有积极意义的“自嘲”，包含着自嘲者强烈的自尊、自爱和责任感。自嘲者的心是热的，自嘲不过是他们采取的一种貌似消极，实为积极的促使交际向好的方向转化的手段。而玩世不恭，则是人们对世事表现出的冷漠、讥讽和不负责任的态度。如果自嘲出于这种态度的话，就会失去任何积极意义，有害于交际。

其次，自认愚蠢，但不能顾影自怜。中国作家高晓声笔下的陈焕生，进城晕倒，被送进高级宾馆。结账时，价钱高得使他吃惊。他立刻回房间，在席梦思和沙发上恣意卧坐并猛跳几下，以充分利用那房间。心胸狭小，斤斤计较以及顽固不化的死心眼往往是豁达豪放的大敌，因而，他们在幽默中常常受到讽刺和挖苦。

## 7、对自己求全责备，对别人宽大为怀

在人际交往中，因心情、观点、习惯、性格及教育等因素的影响，难免会与他人发生一些冲突和矛盾，这就需要人们分清性质，正确认识，学会宽容，原谅他人的错误和失误，做到善人、善事、善物。

常言道：“立事先立人，立人先立德。”立德的前提是宽恕容人。

古人云："人非圣贤，孰能无过。金无足赤、人无完人。"英国谚语说："世上没有不长杂草的花园。"阿拉伯人说："月亮脸上是有雀斑的。"可见古今中外都把宽恕容人作为理想人格的重要标准。

唐朝武则天时期的宰相娄师德以仁厚宽恕、恭勤不怠闻名于世。凤阁侍郎李昭德骂他是乡巴佬，他笑着说："我不当乡巴佬，谁当乡巴佬？"当时名相狄仁杰也瞧不起他，想把他挤出朝廷，他也不计较。后来武则天告诉狄仁杰："我之所以了解你，是娄师德向我推荐的。"狄仁杰听后惭愧不已。

随着生活经验的积累，人们会逐渐明白许多做人的道理。生存在这个世界上的每个人，都是不可能独立存在的，也就自然会产生人与人之间的人际往来。由于每个人的生存环境不同，成长经历不同，学识修养不同，在为人处世方面，也会处处表现出与众不同的个性来。正因为每个人都是独立的个体，在人与人的交往中，别人的喜好也无时无刻不在影响着你，当然，别人也会有你不喜欢却需要接受的行为习惯，这就需要宽容。

生活里有太多不如意的时候，需要我们用宽容的心境去对待。我们每个人都不可能独立走完自己的人生之路。只要别人的个性不直接伤害我们，为什么不多一点宽容呢？宽容别人，其实就是宽容我们自己。多一点对别人的宽容，其实，我们生命中就多了一点空间。

宽容是一种高贵的品质、崇高的境界，是精神的成熟、心灵的丰盈；宽容是一种仁爱的光芒、无上的福分，是对别人的释怀，也即是对自己善待；宽容是一种生存的智慧、生活的艺术，是看透了社会人生以后所获得的那份从容、自信和超然；宽容是一种精神上的大彻大悟，是行为上拿得起放得下。

智者能容。越是睿智的人，越是胸怀宽广，大度能容。因为他洞明世事、练达人情，看得深、想得开、放得下，也因为他非常睿智地发现："处世让一步为高，退步即进步的根本；待人宽一分是福，利人实利己的根基。"仁者能容。富有仁爱精神的人，也必是宽容的人。他心存恕道，“老吾老，以及人之老；幼吾幼，以及人之幼”，不苛求于己，也不苛求于人。所以，与刻薄多忌的人相比，宽容的人必多人缘、多快乐，自然也就多长寿了。

宽容的人必定是心胸宽广的人。做心胸宽广的人，就要有得让人处且让人的宽容。要体谅别人的难处，谅解别人的错处，关注别人的长处。要相信以自己的真诚能换来他人的真诚。心胸宽广与否或许和性格有关，但更重要的是与一个人的文化、素质、修养、追求、信仰有关，有意识地去读些书，提高自己的文化修养，开阔视野；有意识地关注别人，关注社会，让自己的心去追逐远大、追逐高尚。久而久之，渐渐地就会悟出这样一个道理：天下之大，有那么多的东西要学，有那么多的事情要做，哪还顾得上为芝麻绿豆的小事伤脑筋？为蝇头小利斤斤计较？为鸡毛蒜皮之事纠缠不休？

# 第十章　摒弃繁杂诱惑

——心灵澄净就是幸福

这个世间上，种种欲望像个大磁铁，诱惑你、吸引你，成为他的俘虏；你不想受它的诱惑，你就得有另外一套抵制的力量。人不能怪外境的诱惑，这是因为自己的内心无力，所以才抵制不了外境的诱惑。

——星云大师

## 1、时刻知道自己要追求什么

知道自己想要什么，是一种积极主动的人生态度和生存方式。只有清楚地知道自己曾去过何处，今后又要去往何方，生命才有意义，人生才会不留遗憾。

很多人都不了解自己能够做什么，也不知道到底想要什么，一开始时野心勃勃，但没过多久就变得沮丧和颓废，甚至麻木不仁。大部分人不知道自己的生活意义，他们努力地工作只不过是为了金钱与成就而已，而一旦达成这个目标，却发现一切尽属虚空。

索柯尼石油公司人事经理保罗·波恩顿，在过去的20年中，曾面试过7.5万名应聘者。当有人请教他："今天的年轻人求职时，最容易犯的错误是什么？"

他回答说："不知道自己想要什么！这让人惊诧不已，想想看，一个人花在影响自己未来命运的工作选择上的精力，竟比花在购买一件穿了一年就会扔掉的衣服上的心思要少得多，是一件多么奇怪的事情，尤其是当他未来的幸福和富足全部依赖于这份工作时。”

关于生活方式、经济能力、工作与休闲，以及成就感的来源等关乎生命的重要问题，如果没有一个清楚的看法，我们便不知道自己为何活着，沉重的付出只能带来微不足道的利益。事实上，理想的工作、让自己快乐和满足的社交、心灵与美感的提升、能维持符合自己身份的金钱……所有这些并非可望不可即，但是，你必须先知道自己想要什么，才懂得如何去追求。

知道自己想要什么，具体来说就是生活有明确的目标，工作有明显的意图，知道自己想要得到什么样的结果。把是否知道自己想要什么作为标准，可以将上班族大致划分为以下几类：被动算盘珠型，即一切以领导意志为导向，想要的就是能够完成被安排的工作；消极怠工型，即为了混日子，不在乎想要什么；积极自主型，即明确知道自己想要什么，工作带有很强的自主性和目的性，不但按照自己的想法完成工作，还明确自己还需要做什么以服务于自己的目标。

大多数人都属于第一种，所以只能勉强当个打工者。少数人得过且过，在被淘汰的边缘打擦边球。表现卓越的人按照自己的目标成为领导，或者把老板炒了鱿鱼。

“积极自主型”的人的工作方式毫无疑问是最有意思的，虽然在追求自己想要的东西这一过程中必然有得有失，有成功，有挫折，但最终会有收获，可以满足个人的自我实现欲望，工作得充实。用领导们惯用的词来形容这样的人就是“有想法的人”。

怎样才可以做一个有想法的人，做一个知道自己想要什么的人？这是许多人需要考虑的问题。从宏观上来讲，首先要给自己一个明确的定位，想成为什么样的人，想达到什么样的成就或地位，然后围绕这一目标来做应该做的事情。从微观上来讲，每做一件事情，都要问自己一遍：做这件事情需要达成的目标是什么，为什么要做，怎么做才能达成目标？从而使这件事情的完成显得更有意义。总之，自己要多思考一下，不要以他人的意志左右自己，而且对任何一件事情都应该有自己的判断，即便这种判断可能会错误，但检验错误的过程同样重要，错有错的收获，如果不判断，那将一无所得。

## 2、自信使你幸福感倍增

生活中我们有时会自愧自叹不如人，其实没必要羡慕别人或贬抑自己，随时让自己从悲伤烦怨中走出来，找到自信，悦己乐人、勉己励人，在平凡与不平凡之间找到独一无二的自己，才是正道。

自卑者总是一味轻视自己，总感到自己这也不行那也不行，什么都比不上别人。这种情绪一旦占据心头，结果是对什么也不感兴趣，忧郁、烦恼、焦虑便纷至沓来。无论对待工作，还是对待生活都是心灰意冷。失去了奋斗拼搏、锐意进取的勇气。倘若遇到困难或挫折，更是长吁短叹，怨天尤人，抱怨生活给予自己太多的坎坷。这与现代人应该具备的自信气质和宽广的胸怀是那样的格格不入。

其实每个人在不同的时期，都会产生程度不同的自卑心理。任何人都无法做到没有一丝缺陷，完美主义者更容易产生自卑的情绪。产生自卑的原因有很多，有的人喜欢用过高的标准要求自己，结果使自己永远处于达不到要求的地位，导致自卑感的产生；有的人很在意别人对自己的评价和看法，对于别人的贬低往往产生自卑的心理；有的人错误地把别人对自己的夸奖当作讥讽，那么他们感受到的信息就带有自我否定的倾向性，他们会越发地感到卑微、低下；有的人对家庭或自己的经济收入以及地位感到不满，对于物质生活和精神生活的攀比心理也会产生自卑的心理；有的人由于身体的缺陷不能像正常人那样生活也会产生自卑的心理，等等。

或许你没有秀美的容颜，也没有聪颖的天资；或许你没有骄人的学业，也没有出众的才华……总之，看到别人幸福的微笑便觉得是对自己无情的嘲笑，想到自己渺茫的前途又感到十分迷茫。你也知道谁都不可以随随便便成功，但却认定自己根本无法成功。你更知道懊丧的困境需要勇气去面对，然而无数次的失败使希望和信心荡然无存——反正你觉得自己一无是处，一无所有，甚至想一死了之。自卑使你看不到生活的阳光，痛苦地度过一生。

纷繁、拥挤、千变万化的生活中充满了坎坷和挫折，情绪也因不幸的侵扰跌宕起伏而备受折磨。生命需要拂去思想的矜持与迂腐，宁静的生活需要自信的点缀。自信从自己的内心而来，首先你要相信自己，找出自己的长处与优势，告诉自己是独一无二，与众不同的，调整好你的心态，做事情之前不要先去否定自己，给自己积极的心理暗示，这样久而久之你就能成为一个自信的人。自信的人常常会获得更多成功，幸福感油然而生。

## 3、被“优秀”谋害的幸福

幸福永远都比优秀与成功更为重要。如果有一天优秀伤害了你的幸福，那么你的人生可能就不会有什么意义了。因为人之所以要努力地做到优秀无非是为了得到幸福，倘若它阻碍了你通往幸福的道路，那么最好还是暂时将它移开的好。

每个人都渴望成功，渴望成为优秀的人，或者希望自己的另一半是个非常出色的人。于是，很多人就想方设法将自己打造得更加优秀，或者竭尽所能地去寻找优秀的另一半。因为他们自以为是地把幸福与优秀画上了等号，他们固执地认为拥有了优秀，便会拥有幸福。殊不知，有时候幸福比优秀显得更为重要。幸福的人不一定要非常优秀，而优秀的人也不一定就会非常幸福。

然而，很多人就是弄不清优秀与幸福的关系，他们总认为只要优秀就可以幸福。这种想法也许无可厚非，毕竟水往低处流，人往高处走，追求优秀自然是好事情。可是，如果太过沉迷于优秀的幻梦里，那么必将会失去幸福的代价。也许，在你并不成功的时候，已经拥有了幸福，可是自己却并不懂得珍惜。而等到你真正地做到非常出色的时候，幸福却悄悄地离你远去了。人生就是如此，优秀是把双刃剑，有时候它会伤到你自己。

有一个 23 岁的女孩，身边有一位成熟稳重、经济条件不错的男人，他一直密切关注着她，他是她的“钻石王老五”上司。她是一个敏感的女生，明白他的心思。然而，由于潜意识里的自卑感在作祟，她总不肯给他表白的机会。她在心里发誓：要做就做他身边最优秀的女人，将其他女人比下去，然后才坦然接受他的爱。

从此以后，她拒绝了他的一切邀请，深居简出，埋头苦读，终于考上了她一直向往的，也是他曾经就读过的那所著名学府的研究生。当他提出送她去上学时，她婉言谢绝了，她觉得自己不该是一个不谙世事、只会读书的小女孩，而应该是一个高分高能的天之骄子。她要借助任何一次机会锻炼自己，为的是将来能够与他并肩站立，成为他的同行者，这样才不会自惭形秽。在读研期间，她潜心做学问，又多方面锻炼自己的心智，磨炼自己的毅力，终于如愿以偿，她变得出类拔萃，导师觉得她不读博士真是可惜。于是，她又花了三年时间读完博士。院里挽留她，并允诺送她出国，而她却无心逗留，想让他看到自己经过这六年时间变得如此优秀的愿望显得那么强烈。她终于带着美好的期待飞回到他所在的城市。这一次，是她主动约的他，她想向他显示自己足够优秀能成为他的帮手，她还想让他意识到：她有了做他好太太的完美条件。然而，他与她坐在咖啡屋里还没说几句话，他的手机就响了，他接起来：“啊？儿子又发烧了，好，你等着，我这就回去送他去医院。”然后，他略带歉意得对她说：“我儿子生病了，我太太很紧张，现在他们很需要我在他们身边，我们以后有空再聊，好吗？”如晴天霹雳将她击中，她机械地点头，机械地回答：“好！”除此之外，她还能说什么？做什么？

故事中的女孩由于内心的自卑不愿意接受上司的追求，她固执地以为只有自己足够优秀时，才能够配得上他。然后，她就想尽一切办法要让自己变得更加优秀。然而，当有一天她真的觉得自己足以匹配那个优秀的男人时，才发现幸福早已不在自己的身边。其实，是门当户对的世俗爱情观使得她失去了原本属于自己的东西。优秀固然很重要，可是比起得到幸福来说，就显得微不足道了。

在优秀的追求者面前，我们没有必要自卑，因为爱情与幸福对任何人来说都是平等的。当爱来了，就请勇敢地接受爱吧，别为世俗的眼光而毁掉了自己一生的幸福。有时候，我们真的没有必要刻意地去追求优秀，毕竟优秀只是一个外在的条件，就犹如一个美丽的装饰品，有了自然让人赏心悦目，没有依然可以快快乐乐地活着。

## 4、能退者，方能进

做人是一门艺术，有时候，我们应该学会低头与弯曲。今天的低头，是为了明天更好地抬头。

有人向苏格拉底请教道：“你是天下最有学问的人，那么你说天与地之间的高度是多少？”苏格拉底回答道：“三尺”。那人不解地笑着问道：“先生，除了婴儿之外，我们每个人都有五六尺高，如果天与地之间只有三尺，那不是把苍穹都戳破了？”苏格拉底也笑了：“是啊，凡是高度超过三尺的人，如果想立于天地之间，就要懂得低下头来。”

自然界的天地，是不需要低头的。其实，我们每个人，都可以大大方方地挺起自己的胸膛，扬起自己的头颅，走自己想走的路，做自己想做的事情。没有人敢让我们低头，我们也从不向任何人低头。天还是那样的天，地还是那样的地。越难，越是要往前去闯；越硬，越是要去碰撞。挺起胸膛，才能显示出男子汉的气概；抬起头来，才能尽显英雄本色。不知有多少仁人志士，宁可站着死，也不跪着生。

然而，生活就是生活，有时候它容不得我们任性地胡思乱想，有时候它教我们不得不低下高昂的头颅。比如前面有一个山洞，里面充满了神秘感，你也想进去探个究竟。而山洞的洞口，却很低。这时候，你是低下头来进去，还是扬起头来返回？当看见有人从这个山洞里背着珍贵的宝藏出来的时候，你就会发现，低头也是我们所需要的。在很多情况下，低下头来，是一种聪明和智慧，也是一种大度和从容。能低者，方能高；能曲者，方能伸；能柔者，方能刚；能退者，方能进。

有时候，在现实面前由不得你不低头。想象和现实，往往会有很大的距离。你想骑马飞驰，可眼前能找到的只有一头驴。是坐在那里等马，还是骑上毛驴先行？想当元帅，必须先当士兵；想当爷爷，必须先当孙子。人在屋檐下，不得不低头，不低，就会碰得头破血流。

有时候，在错误面前你不得不低头。人生在世，每个人都可能犯这样那样的错误。错误是对别人的伤害，只有低头才能弥补。低头不是屈辱，而是应该付出的代价。廉颇向蔺相如低头，不但没人笑话，反而传为美谈。这个世界本来就是由矛盾组成的，很多的矛盾和纠葛，也不是在硬碰硬中解决的，而是在低头中令人悦服。

有时候，面对欲望人不得不学会低头。人的欲望是没有止境的，就像海里的水，喝的越多，越感到口渴。职务，总是看着别人高；权力，总是看着别人大；金钱，总是看着别人多。然而，当你低下头时，才会发现，很多东西也只是过眼烟云，皆为身外之物。

曾经有一个关于“美国之父”富兰克林的故事。富兰克林年轻时曾去拜访一位德高望重的老前辈。那时他年轻气盛，挺胸抬头迈着大步，一进门，他的头就狠狠地撞在门框上，疼得他不住地用手揉搓。出来迎接他的前辈看到这种情景，笑着说：“很痛吧！可是，这将是你今天访问我的最大收获。一个人要想平安无事地活在世上，就必须时刻记住：该低头时就低头。这也是我要教你的事情。”富兰克林把前辈的教导看成是一生最大的收获，并把它列为一生的生活准则之一。富兰克林从这一准则中受益终生，后来，他功勋卓越，成为一代伟人，他在一次谈话中说："这一启发帮了我的大忙。"这也告诉人们：做人不可无骨气，但做事不可总是高昂着头。

用平和的心态去生活，并在必要的时候学会低头，这样才会为自己创造一个美好的未来。不然，一味地固执，一味地高傲，那么得到的将是悲惨的结局。

## 5、勇敢地放下是一种智慧

幸福并不是拥有很多，不少人因为过多的贪婪而迷失了自己的真性，失去了生命的快乐。人生如水，我们必须学会像水一样去适应环境，蜿蜒曲泽，和谐相容。正如一句话所说："我改变不了周围的环境，但我可以改变自己的心境。"调整好自己的心态，坦然接受生活的考验，那么我们最终会拥有一个美好的人生。

有人讲起自己的一段经历：

还记得很久以前，也就是我的新房装修工作进入尾声的那天下午，随着油漆师傅一声"全部都好了"，我也怀着高兴的心情来到我将要入住的新房。

我从楼上走到楼下，突然间发现厨房水槽下的那个旧水泵，锈迹斑驳的样子，在经过粉刷后的墙面衬托下，显得异常刺眼。

我不好意思请师傅去处理那个不属于他工作范围的旧水泵，便跟母亲建议，向师傅借一些油漆，将水泵外壳涂上漆，让两者之间的差距小一些。好心的师傅一听到我们要借油漆，便又从他家中赶过来，表示可以帮我们处理

就当师傅打算开始动手时，他和母亲闲聊起来："这个水泵是做什么用的？""没有用，早就坏了！""啊？那有插电吗？""没有，

线路都拔掉了！”“那为什么要漆，不干脆整个拔掉？”现场一阵默然，大家面面相觑。

“对啊，为什么不拔掉呢？”“那不要漆啦，你借我螺丝刀，我帮你们拔掉！”

没过多久，油漆师傅就处理好了那个放在那好几年的旧水泵。

我突然想，人的心不也是这样吗？

在我们的灵魂深处，也许就有这样一个旧水泵存在着。有时候，它是我们年少时候错爱的一个人；有时候，它是我们曾经遭遇过的挫折与伤害；有时候，它是我们习以为常的偏见与固执。试问一下，在我们的内心到底有多少东西，我们错误地摆置却总是认为无法挪移呢？

勇敢地放下是一种智慧，更是一种幸福。只有放下应该放下的，才能够拥有真正的快乐。给自己一点勇气，移走你心中的“旧水泵”，别让它阻挡你寻找幸福的道儿。

为什么很多人成功了反而感到失落？这是因为他们在埋头苦干时，只是为了忙碌而忙碌着，他们并未洞悉自己心灵深处的欲望。

人生其实就是一个奋斗的历程，就是通过不懈的努力让生命更加圆满而已。然而，我们也并不是什么事情都一定要争取到手，相反我们要有随时拥有准备放弃的心理。放弃那些于我们的人生无益的东西，然后再继续前进。

如果我们永远都只是固守着已经获得的功名利禄，永远都只是为了进一步的权钱职位、风头利益而钩心斗角，那么不管什么样的生活方式都会让我们气喘吁吁，太多的时间和精力也在不知不觉中被耗费了。这样，不仅自己的正常发展受到了限制，甚至有可能还会迷失自己的方向。

我们并不可能得到自己所希望的任何东西，既然没有能力得到，那么只好放弃了。人生就是一个不断选择与放弃的过程。当我们放下了自己应该放下的东西时，人生的包袱就会顷刻间变轻，自己就可以轻松愉快地走自己的路，人生的旅行也会更加快乐，这样，才可以登得高看得远了！

## 6、追求幸福是每个人的权利

幸福是一种权利，每个人都有权利要求与获得幸福。即使你没有高贵的身份，没有万贯家产，没有高学历，你却拥有追求幸福的权利。

在生活中，常常有一些人因为自身的缺陷而产生自卑心理。他们在潜意识里认为自身的不完美使得自己早已失去了得到幸福的可能。其实，大自然中的每一个生物都是平等的，他们都有追求生存与幸福的权利。上天赋予了我们这样的权利，为什么要因一点点外在的影响就轻易地放弃呢？

幸福是需要代价的，得到和维持幸福都需要代价，幸福的感受没有本质差别，幸福也没有特权之分，但是幸福有层次不同，有内容差别，有持续时间长短之分，也有需求差异。无论什么幸福，无论幸福程度如何，没有不需要本钱的幸福，幸福总归需要相应的代价，而且幸福的代价投资经常是不成正比的，偶然因素也很多。

幸福是一种心境，这种心境需要物质条件、客观因素维持，也受当下的一些标准和流行因素所影响。因此，一个人，只要不是好高骛远，能随遇而安，降低自己不切实际的欲望要求，不要过多攀比，不要追求潮流，不要太过注重他人眼光，那么幸福就是你的权利，并不难得到，也更容易保持那种精神感受。

# 第十一章　舍得是福分

——拥有全方位幸福人生

少看少听眼目明，少言少论耳根静，少思少虑绝缘虑，少执少求心态平，少争少斗少机心……少食少酒少病心，养生之道少为贵，少去杂心留凡心。

——星云大师

## 1、少看少听眼目明

纵情声色，放纵欲望的结果会使人意志消沉，安逸而放荡，最终扰乱人心智而败坏德行，使人一败涂地。老子说得很透彻：执迷于五色，眼睛就会瞎掉，非是眼睛看不见尘世的俗物，而是眼睛再也看不到尘世之外的神物；执迷于五音，耳朵就会聋掉，非是耳朵听不见尘世的杂音，而是耳朵再也听不到尘世之外的清音。

“五色令人目盲”来源于老子的《道德经》：“五色令人目盲，五音令人耳聋，五味令人口爽。驰骋畋猎，令人心发狂。难得之货，令人行妨。是以圣人为腹不为目，故去彼取此。”意思是说，声音使人耳聋，颜色使人目主，味道使人口腔乏味。田园驰骋打猎使人心发狂。稀有货品使人行为不轨。所以圣人只为了生存的自然需要而饮食，不为心驰目迷的声色之娱，来寻求感官的刺激。古人认为“纵情声色，祸国害己”。总而言之，就是要清心寡欲。

其实从现代科学的角度，我们也看到清心寡欲是非常明智的。以人的细胞为例，人的细胞的分裂次数是有限的，比如一个细胞只能分裂 100 万次，那么达到这么多次数后就不行了。人们不断地使用自己的五官、人体这个机器的时候，其实就是在不断地消耗，所以会有一个生老病死的过程。中医说："思伤脾，视伤肝。"说的是五官和人体内脏的对应，同时五官的使用过程就是一个对内脏消耗的过程。所以古人养生讲的是清心寡欲。

过分追求物质享受反而会丧失人生本性，会损坏人体感官功能。现代社会充满了各种物欲诱惑，物质文明高度发达，不少人由于沉湎于各种强烈刺激的音乐，结果不仅听力大大受损，而且容易心绪不宁，以至于得了精神分裂症。比如说胎儿如果给他听强刺激的音乐，他会躁动不安。饮食口味同样如此，如果总是吃那些过辣、过咸、过甜的食物，不仅会损伤人的味觉，而且使对应的脏腑会受到损害。至于过分迷恋、沉湎于打猎、打牌等游乐活动，进而将游乐变成赌博，同样会使人心灵躁动不安，甚至造成仇杀、自杀等后果。收藏宝物之风过甚，不仅使人玩物丧志，而且还会引起偷盗、造假、坑蒙拐骗的丑恶现象。所以能安于满足基本的生理需求，而不去追求过度的物质享受，这是人生的智慧，同样也是快乐之源。

当然，我们生活在现代社会中，现实生活充满了诱惑。我们并不是不能去追求，但我们应该懂得其中的道理，至少能够清心寡欲，有度而有节制。

## 2、少言少论耳根静

任何事都要讲究方寸，讲究恰到好处。多一分是过，少一分不及，都不是完美的表现。交往如此，说话亦如此，把握时机，拿捏方寸极为讲究，也就是说要慎言，尤其不要乱说闲话。

我们国家历来有“慎言”的传统。“慎言”即说话有原则、有分寸、重事实。每个人都应该牢牢记住这条古训，特别是那些爱说闲话的人，更应该认真地反思，不要以为自己不过说说罢了就不当回事，而要考虑说的后果；不要以为自己无恶意就不当回事，而要考虑给别人带来的影响。

作为听众，每个人都应该时刻保持清醒的头脑，明辨是非，不要为闲话所迷惑而上当受骗。须知，能在你面前说他人非者，必能在他人面前讲你的不是。闲话不能信，不可信，也不必信。

“人在得意时嘴忙，寂寞时心忙。”前者多言，后者多思。前者浅薄，后者深沉。一个人成熟的最显著的标志就是少说话，多倾听。即使必须要发表观点，也应经过深思熟虑，尽量让舌头运转得比大脑慢些。有时大脑运转完了，而舌头并没有运转，采取的仍是缄口不言，这才是真正的智者。

“君子不重则不威”。这里的“重”，在很大程度上就表现为多思、多听、多做、少说。在这里，我们所说的少说多思，既不同于内向，更不同于世故和城府，而是一种成熟、稳重与深沉。“深沉”这个词的含义是让人总觉得你身上有一种“未知的深度”，而非直视无碍。少说，并不等于不说，该说的时候，还是要说的。但说就要说到点子上，而且要言不烦，不能夸夸其谈，言过其实。

曾经有个小国的使者来到中国，进贡了三个一模一样的金人，瞧着金人金碧辉煌的模样，皇帝高兴坏了。可是这个小国的使者同时还出了一道题目：这三个金人哪个最有价值？

皇帝想了许多的办法，请来金匠进行检查，称重量，看做工，可都没能区别出来。怎么办？使者还等着回去汇报呢。泱泱大国，不会连这么个小问题都答不出吧？最后，有一位退位的老臣说他有办法。

皇帝将使者请到大殿，老臣胸有成竹地拿出三根稻草，分别插入三个金人的耳朵里。插入第一个金人的稻草从另一边耳朵出来了；第二个金人的稻草从嘴巴里直接掉出来了；第三个金人，稻草进去后掉进了肚子里，什么响动也没有。老臣说："第三个金人最有价值。"使者默默无语，答案正确。

这个故事告诉我们：最有价值的人，不一定是最能说的人。正如一句谚语所说的："沉默是金，语言是银。"老天给我们两只耳朵一个嘴巴，本来就是让我们多听少说的。善于倾听才是成熟的人最基本的素质。

但许多人并不懂得这个道理。当别人说的话自己不同意时，往往不待别人说完，就想插嘴。实际上，这样做是不理智的，不但不能使别人放弃自己的主张，来迁就你的意见，而且还让别人觉得你非常没有礼貌。试想，别人正有一大堆的话急于说出来，你却插一嘴，这时他根本就不会注意你想表达的意思。所以，我们必须耐心听，并且鼓励他把意见完全说出来。

美国某汽车公司，需要采购车座上的绒垫，当时有三家商店分别派职员前去推销。其中两家商店所派的职员，都十分能言善辩，只有另外一家商店的职员，因为患病，讲不出话来。他到了汽车公司，沙哑着喉咙，很勉强地说："我实在发不出声来，我们店中的商品，我只能写给你们看。"那家汽车公司的主任，一见他这种情形，便对他说："你不必讲话了，你把商品拿出来，我们可以做出比较的！"于是他站在旁边默不作声。结果，其他两家商店所派的善于辞令的职员，都空着手回去了，他却做成了这笔买卖。全部订货的总价格竟高达 160 万美元之多。这笔庞大的生意，简直是他毕生所梦想不到的。这是个特殊的例子，固然不能与一般的事例相提并论，但是这个事例却形象地说明：有时不开口的效果反而会胜过多说话。

现代社会人与人交往频繁，而交往的主要手段是对话，但言多必失，要谨言慎行，避免因说话不当引发不必要的矛盾。在兴奋状态下容易轻易许诺，在醉酒状态下容易胡言乱语，在愤怒状态下容易出口伤人，在烦躁状态下容易语无伦次……所以在说话之前要三思而后语，不说话没有人把你当哑巴。一个有修养的人宁可保持沉默寡言的状态，喜怒不形于色、不露锋芒，也不会眉飞色舞，张牙舞爪，口沫四溅。

说闲话是一种极不负责任的行为。它拨弄是非，混淆视听，其危害之深远，让人痛心。因为说闲话造成受害人夫妻不和的有之，家庭破裂者有之，寻死觅活者有之，精神错乱者有之，大打出手者有之，反目成仇者有之……闲话的传播不但影响人们生活的正常运行，而且影响工作的顺利开展。为什么有的矛盾消不掉、疙瘩解不开、关系理不顺呢？问题就在闲话上。那些真真假假、虚虚实实的闲话在受害者心理上的作用是无比巨大的，再加上个别人煽风点火，真能把问题搞得小事变大，大事变得不得了。再者，你愿意说可别人未必愿意听，你说的痛快可别人却痛苦、反感。千万不要见了谁都当亲人诉说衷肠，说不完的心里话，讲不完的悄悄话。不要张家长李家短，说不完的小道消息，不要把别人的客气当喜欢，把友善当友谊，把谁都当你的听众。过来人谁都是一本书，没人愿意听你的人生阅历。不要什么问题你都要发表一些独家看法，不要总喜欢与人争论，辩个你死我活。该说的话一定要说，不该讲的千万不要乱说，否则你将是一个极不受欢迎的人，多嘴多舌必将带来灾祸。

## 3、少贪口欲知足乐

没有人不爱美味佳肴，然而暴饮暴食会增加肠胃负担，引发一系列的疾病。因此，我们在日常生活中要少贪口腹之欢，培养合理的饮食习惯。

美味综合征是由于短时间内食用了大量的鸡、鸭、鱼、肉等美味佳肴，使人出现头昏、心慌等一系列病症。其病因是食入物品中含有较多的谷氨酸钠，它是味精的主要成分，具有刺激味觉、增进食欲的作用，但若食入过多，它便分解成酪氨酸和谷氨酸，使新陈代谢出现异常，导致疾病的发生。美味综合征的表现是在食鸡、鸭、鱼、肉后半小时发病，可见头昏脑涨、眩晕无力、心慌、气喘等症状，有些人会表现为上肢麻木，下肢颤抖，个别病人则表现为恶心及上腹部不适。

吃饭过饱，会增加内脏负担，长期下来，就会营养过剩，体重增加，不但体形难看，行动不便，还会诱发高血压、冠心病、脑梗死、糖尿病、肥胖症、高脂血症、脂肪肝等。因此，为吃落下这些病真是划不来。另外，吃饭过饱，到了吃下一顿饭的时候会觉得不饿，长期如此，还会影响胃口，吃饭不香。特别是老年人尤其注意不要把饭吃饱。

有句顺口溜："吃饭吃上七成饱，喝点水八成饱，弯弯腰九成饱，干起活来十成饱。"看来不无道理。相声大师马三立 89 岁高龄才告别相声舞台，而且还身体健康、思维敏捷。他曾说："吃要节制，好饭歹饭都要七八成饱，不要见到好吃的就不顾命地吃，不爱吃的一口不吃。"几十年来，他一直固守"觉不少睡、水不少喝、饭不多吃"的良好习惯，值得我们借鉴。

美国一石油大王个人出资 2 亿美元在沙漠中建起了占地 13000 平方米，雨林、沙漠、草原和海洋应有尽有的巨大温室，取名"生物圈 2 号"。1991 年，生物圈 2 号迎来 4 男 4 女第一批志愿者，他们开始过与世隔绝的生活。由于粮食歉收，生物圈 2 号的这 8 名志愿者不得不控制饮食。结果，经过近两年时间，第一批居民中的 4 名男性体重平均下降 18%，4 名女性体重平均下降 10%，胆固醇的平均值也由 195 下降到正常值 125，使得这些平常为减肥而痛苦不已的人平添一份惊喜。乃至后来，当时的一位志愿者、加利福尼亚大学洛杉矶分校的一名教授甚至在以后的生活中还继续维持他当时在生物圈 2 号的食量，"因为那样有利于健康"，他说。

说起挨饿，其积极意义确实值得我们探求。国外一位病理学家 20 世纪 40 年代在研究羊的一种疾病时曾发现，羊的这种用别的方法难以治疗的疾病，在大部分情况下用简单禁食数天的方法就能治愈。其实，对于人类来说也相类似。人生病除了发烧难受的反应外，往往也不想进食，也不觉得饿，这其实正是人体机能的自我调节和反应，或者说自我治疗。因此，病人生病不想进食时不要强求病人饮食。

时常挨挨饿，或定期禁食一两天，不但有利于健康，还可延年益寿。美国营养学教授马凯博士的实验证实，让老鼠每周禁食两天，非但不容易生癌，而且其寿命会延长一倍。加州大学华福特教授做了30年动物实验后，现在自己每周禁食一至两天，只喝白开水，吃蔬菜和水果，他相信人类也可由禁食而获得健康。

定期禁食并不是一点东西都不吃，是指多喝白开水，多吃富含纤维素的蔬菜、水果，是为了定期进行人体内的环保。人体产生的垃圾有粪便、尿、汗及二氧化碳气体，其中以粪便危害最大，如不及时排出，会使人难受甚至生病。大肠是人体专收粪便的“垃圾箱”，如果不按时清理，任其堆积腐化，便会产生毒素，成为慢性病的“工厂”。特别是宿便，不是灌肠或服食泻药所能清除干净的，唯有禁食，就像做一次全身“大扫除”，才能彻底“清仓”，排出体内的毒素。

过量饮酒对人有百弊而无一利，为此人们在喜庆中畅饮时务必记住控制酒量，尤其是对于高血压、高血脂、心脏病、糖尿病的患者来说，饮酒是造成动脉硬化，导致脑溢血的一大祸首。除此之外，我们在日常生活中要注意防“三醉”：

（1）“酒醉”。“酒醉”是人人皆知的事。酒精进入体内立即开始氧化，使全身末梢血管扩张，血液循环加快，血流旺盛。人体血液中含酒精量达1%时，就会感到飘飘然，喜怒无常，所以谓之“酒醉”。

（2）“烟醉”。当人连续吸烟时，较大量的烟碱被肺泡里的毛细血管吸收，并进入血液循环流遍全身，就可能出现“醉烟”状态，出现呛咳，更有甚者，恶心、呕吐、腹痛频频袭来。患冠心病的人发生“醉烟”危害更大，可引起心肌缺血、心绞痛。

（3）“茶醉”。喝茶都会醉吗？“茶醉”主要是指喝茶过量或不当，如空腹喝茶，素食后喝浓茶或突然喝大量的浓茶而引起的不适反应。表现为心慌、头晕、四肢无力、站立不稳、肠胃不适、腹中饥饿等。解除“茶醉”的方法是喝些糖开水或嚼几块糖果。切记不要空腹喝茶，更不能喝大量浓茶。

可以想见，如果我们控制饮食，或定期进行禁食，加之日常的运动，就能使肠胃清爽通畅，肠胃功能自会得到增强。那么，长此以往，什么肥胖、气喘、行动不便、高血压、高血脂、糖尿病、脂肪肝、冠心病、脑梗死，等等，自会远离我们而去。节日期间美味佳肴多多，面对美食切记要注意“食有节”。暴饮暴食会增加肠胃负担，特别是患有消化系统疾病的人更要注意，最好能够和平时一样有规律地用餐。同时饮食的洁净也是不可忽视的，尤其是中老年人最好不吃海鲜等食物。因为现在不少海鲜等产品受污染严重，所以此类食品须烧熟煮透了再吃，否则易引起食物中毒。值得一提的是，对于正在生长发育的儿童，美味佳肴不可一次吃得过多。儿童的自控力差，容易偏食，父母在饮食上一定要把关，有粗有细，荤素搭配，切不可暴饮暴食而引起美味综合征。

## 4、学会放松保健康

通宵达旦地娱乐必将打乱睡眠规律，带来身心疲劳，诱发多种慢性疾病。“一觉熟睡百病消”，良好的睡眠本身就可以防病治病。因此，人们在日常生活中要少纵乐，多休息，进而保证身心的健康。

生活在现代都市，穿行于楼院街巷，为了所谓的成功和理想，我们就像一只陀螺超负荷地高速旋转，透支着健康，消耗着生命。当名利、才华、健康三者只能选其一时，我们才会猛然意识到，唯有健康才是真正的底线，才是唯一不可放弃的。

工作过度紧张或是长期承受心理压力，缺乏适当的休息的人，就会出现生理疲乏和精神疲乏，产生一系列劳累和疲倦症状。如体力下降，工作效率低，精神不集中，记忆力差等，更为严重的会导致疾病的发生。经研究发现，可引发高血压、冠心病、癌症、消化性溃疡、紧张性头痛、偏头痛等多种身心疾病。因此，健康的人经过适当的休息后，可以恢复体力和精力；患病的人经过充足的休息后，可以促进康复。

无论身处花香弥漫的浪漫山野，还是精彩纷呈的时尚之都，我们都可以用干净简洁的心情，梳理凌乱不堪的生活节奏，演绎看似简单随意，实则饱满丰富的人生。我们都可以找到肢体放松和心灵愉悦的平衡点，诠释一段清新自然的休闲时光。

人上一百，形形色色，各人自有各人的休息方式和健康观念。也许用愉悦心神的活动，排斥消极、空虚、倦怠的不良情绪，远离污浊的空气和声色犬马的奢靡，给自己一种像鸟儿一样自由自在轻舞飞扬的感觉，这才是积极向上的休息方式。

做人要学会放松，在紧张的压力下为自己做调剂，但不要单纯依靠声色犬马的喧闹娱乐。古人有云："一张一弛，文武之道。"无论何事，张弛有度才会让事情尽善尽美。学会放松，只有拥有"采菊东篱下，悠然见南山"的闲致，才有精力"三十功名尘与土"，走过"八千里路云和月"；只有拥有"流觞曲水，不亦乐乎"的心怀，才能在社会激扬的步调中"犯其至难，图其至远"。学会放松，就是跳得更高前的助跑；学会放松，就是跃的更远前的冲刺；学会放松，就是成功迈步前的整装。

放松和悠闲是一种从容的心态，坦然的享受。万籁俱寂的深夜，面对笔下流淌的美丽文字是一种悠闲；星期天去公园散一会儿步，听听大自然的足音，看看花开，听听鸟鸣，调节一下烦躁心情，这也是一种放松；当读一本喜欢的书，听一首动听的曲子，或跟心灵相契的好友打个电话聊一聊，更是一种放松心态的良方……只要你愿意，放松何时没有，何处不在，在你生活的周围，到处可寻。

心理音乐减压的目的是通过音乐冥想，来体验自我生命的美感，丰富内心世界的美好想象。音乐减压所用的大多是描述高山、草原、溪流、大海、森林、田野等大自然风光的音乐。这些音乐很容易引起人们轻松、美好的感觉想象。你可以在晚上沐浴后或睡觉前，轻轻地、静静地闭上眼睛，让自己全身心放松。然后选一支喜欢的轻音乐，根据音乐描述的意境想象自己躺在金色的沙滩上，和煦的阳光照在我身上，不远处就是辽阔的大海，音乐轻悠悠地在你耳边回荡着、缭绕着，你会随着音乐的绵长进入了悠闲的心境，然后会感到心情舒畅极了。

你也可以想象自己坐在湖边的大树下，湖水清澈，看见小鱼在水中游动，树上有小鸟歌唱，一阵清凉的风吹来，多么宁静、安详……这时，美好的大自然风光与你的心灵审美情趣会完美结合到一起，你会尽情地体会人与自然的和谐之美，你会觉得心情无比的放松、快乐。经常保持这种状态，人会在平常的生活中拥有一种很好的心态。当音乐结束时，不要急于把眼睛睁开，想象自己现在所处的环境，慢慢地再回到现实中来，然后睁开眼睛，活动下手脚，结束音乐减压活动。

## 5. 少一点心机，多一点淡然

聪明可以利己，也可以害己。聪明可以利人，也可以害人。“聪明反被聪误”，聪明能误己，也能误人，但误人最终还是自误。

生活就是淡然着，假如都是充满着情绪的大起与大落，处处想用心计为自己谋利益，反而更容易让人走向极端，要不就情绪高亢地发癫狂，要不就悲痛地沉沦下去。聪明反被聪明误，机关算尽却未得要领，虽得而失。人们常见的小聪明，其下场大抵如此。相反，保持常态反而较为安全些。聪明自然是件好事，但一旦炫耀卖弄则不然。推论不休，就变成了一种争论，还不如那种注重实质，真有必要才深入推论的判断。

职场是一个竞争激烈的地方。有人凭实力取胜，有人凭心机取胜，有人凭踏实取胜，有人凭厚道取胜。有人一点脑子不动，听风是雨，常常被人利用。比如，有人嫉妒一个人，但自己没有足够的实力或勇气去正面和那个人比拼，而是利用一个“傻人”当炮灰，达到自己的目的。很多这样被人利用的人，非但不知道自己“傻”，反而天真地认为，是那个人坏，其实，那个人和这个被人利用的人毫无瓜葛。下面，我分别举两个案例：

小黄曾经碰到过这样一件事，某部门一位领导离职时，和小黄说了很多关于小黄部门另一同事S的传闻，她说这是临走前对小黄的“好言相告”。当时，S在小黄心中的形象，真的是一落千丈，小黄一度讨厌她到极点。不过，平时的S在小黄看来，真的是一个不错的同事呀，难道是“人心隔肚皮”？后来，小黄反复推敲那位离职领导的话，联想起她们曾在工作上有过冲突，才觉得那些话是有水分的。

小莉外形尚可，工作勤奋，副总和其他领导对小莉也挺满意。因此，进公司后她一直顺风顺水，25岁就当上部门经理。密友告诉小莉，有人问领导：她凭什么这么年轻就当上了领导。不过小莉并不在意，认为做好自己的本职工作，无须刻意去证明什么。然而，事情并不像小莉想得那么简单。自从有一次小莉搭副总的车后，这个消息在短短的时间内就传遍公司上下。从密友口中，小莉听到了各种“版本”：小莉早在进公司面试时和副总便眼神对视；副总如何坚持录用小莉；小莉如何借汇报工作之名频繁出入副总办公室；在年终聚餐上如何互相敬酒眉来眼去；副总在会议上如何力排众议支持小莉的提议；在集体旅游中他们如何落队结伴而行……其细节之详尽、想象力之丰富，简直令人发指。

从心理学角度看人，人有各种人格特征。比如，有心理学家按《红楼梦》中的典型人物把人格分为贾宝玉型、林黛玉型、王熙凤型、薛宝钗型等。文学是塑造人物类型的，通过不同类型的人物来展示生活中的故事。

那么，算计别人的类型，当属王熙凤型——善于嫁祸于人、左右逢源、利用强势压倒弱势、嘴巴甜蜜等，而精明算计，可能就是她的最大特点了。精明与厚道相反，王熙凤用精明迎合他人，而非由衷的情感，并自以为得意。那么，这种算计别人的人往往都是王熙凤型。其高明之处，往往不自己亲自操刀，通过智商低一些的人达到自己的目的。所以，要想不被王熙凤型的人算计，就要对这种人防备，不要听风是雨，凡事自己过过脑子。对付这样的人虽然有难度，甚至防不胜防，但找到方法也是容易的，最简易的方法是和这种人少谈私事、心里话，让这种人找不到害你的地方。有人大嘴巴，自己的事情不把牢，经常被王熙凤型的人“套走”很多私房话，或者说，这种人貌似爱关心别人，嘘寒问暖，其实，有朝一日，其嘘寒问暖会变为办公室斗争的资料，弄你一个措手不及。

被人算计的人，往往是一心一意工作、心无旁骛的人，因为其注意力都在工作、具体任务、事物的细节上，因此，这样的人往往在人事关系上有弱点，从而被人利用。如案例中的小莉，她之所以25岁就当上了部门经理，一定是一个积极肯干的人，现在，哪个企业都不养懒人，如果小莉是算计她的人所言的那种副总的“花瓶”，恐怕这个企业也不会是好企业。一个总体风气很好、企业文化很有正气的地方，是容不得这种人的。

在谴责算计别人的同时，其实也应该自我警觉，问问自己：“自己是一个容易被人利用的人吗？”之所以有人显得精明，和有人傻有关。精明人面对精明人，一定不会出现表面上的利害关系，正是傻人被人利用了，才会正面和人发生冲突。悲哀的是，有些人傻，在职场一点脑子也不动，非但不认为自己傻，还自以为是，这就给精明人很多可乘之机。被人算计，表面上看，是别人的过错，其实，也有自己很多原因，需要总结教训。小莉顺风顺水，或许就是她傻的来源吧。太顺了，一点挫折没有的人，或许迟早会被人算计的。

## 6、清空心灵欲望之桶

人赤条条地来到世间，最后又两手空空地离开。在这漫长的岁月里，我们的心灵背负了太多的欲望。然而，贪婪让人们只会不断地索取，却不懂得及时倒空心灵的“欲望桶”。生命之舟载不动太多的物欲与虚荣，要想使它能够安全地抵达彼岸，那么就得设法放弃一些东西。只有学会放下，才会赢来一个新的转机。

曾听人说过这样一句话：“贪婪的鱼因为不满足于一河的水，才落得吞饵身亡。”很多时候，我们的不快乐不是因为灾难与痛苦，而是因为内心的欲望在不断地膨胀。我们的心灵就犹如一个“欲望桶”，里面装满了名利、权力、尊严、美貌、爱情等。人，总是载着这些东西缓慢地行走在人生大道之上。

有一个聪明的年轻人，很想在各个方面都强过别人，尤其想成为一名大学问家。然而，很多年过去了，他的各方面都不错，可学业却没有多少长进。他非常苦恼，特去向一位大师求教。大师说：“我们登山吧，到山顶你就知道该如何做了。”那山上有许多晶莹的小石，煞是迷人。每当见到他喜欢的石头，大师就让他装到袋子里背着，很快，他就吃不消了。“大师，再背，别说到山顶了，恐怕我连动一动的力气都没了。”他凝望着大师。“是啊，那该怎么办呢？”大师微微一笑：“该放下啦，背着石头怎可以登上顶峰呢？”大师笑了。年轻人一愣，忽觉心中一亮，向大师道谢后走了。后来，他一心做学问，进步飞快……

聪明的年轻人终于明白过来了，在追求成功的道路上只有放下不必要的欲望，轻装上阵才会有大的成就。于是，他放下了袋中的石头，也换得了梦想的实现。其实，人要有所得，必然会有所失，只有学会放弃，才有可能登上人生的巅峰！

生活原本是非常淳朴而简单的。人生所需要的并不是很多。这并不是鄙视物质的存在，但是不应让这些东西堆在身上把人压垮。学会舍弃一些对人生益处不大的、不特别需要的东西，保持一颗简单和明朗的心，你就会觉得其实在奔跑中也可以走得很沉稳。

在我们的生活中，很多人放不下手中的名利、职务、待遇，他们整天东奔西走；很多人放不下诱人的钱财，成天费尽心机，利用种种机会想捞一把，结果却是作茧自缚；很多人放不下对权利的占有欲，不怕丢掉人格和尊严，一旦事件败露，后悔莫及……在我们的工作中，每天都面对纷繁复杂的事情，你也许曾犯愁，不知该从哪件事开始，觉得每件事都重要，每件事都想一口气做完，这件做了一点点，又去做那件，一天一件事也没做完。但是，如果你理清头绪、择优选重，一件件去做时，你就会发现自己不仅没有浪费时间，工作质量、速度都得到了提高。

人来到世间，总是自觉或者不自觉地背负着许多责任和欲望，这些东西背在身上，要是拿掉了，人生就会变得轻飘、无意义。可老背着它们，一样也舍弃不了，最终有可能累死在路上。舍，方能得！只有倒空心灵的“欲望桶”，才会少了无数的痛苦，只能真正理解了取舍的艺术和智慧，心灵才会豁然开朗，生命才会为你呈现一个截然不同的灿烂景致！

## 7、为别人着想，意味着给你插上一对翅膀

没有任何一个人可以脱离社会而独自生存，也没有任何一种事业可以只靠孤军奋战而实现成功。懂得为他人着想，就能为别人和自己留下缓冲的余地，实际上最终的受益者还是自己。

美国一项权威调查机构的调查资料表明，全美最受人们关注的问题主要体现在两大方面：一个是健康问题，另一个是人际关系问题。美国石油大王洛克菲勒在谈到人际关系问题时说：“应付人的能力也是一种可以购买的商品，正如糖或咖啡一样。我愿意支付酬金购买这种能力，它比世界上的任何别的东西都有用得多。”为什么人际关系问题受到人们如此重视？这是因为没有任何一个人可以脱离社会而独自生存，也没有任何一种事业可以只靠孤军奋战而实现成功。所以能否更好地处理与他人之间的关系常常成为人们能否成功的决定性因素。

性格自私的人不愿意对别人付出任何关爱，所以他们永远都体会

不到来自他人的友情和温暖。而那些胸襟开阔的人则始终生活在幸福和关爱之中，这些幸福和关爱既来自于别人，也来自于他们自己。

一个漆黑的夜晚，一个远行寻佛的苦行僧走到一个荒僻的村落中。漆黑的街道上，络绎的村民们在默默地你来我往。

苦行僧转过一条街道，他看见有一团昏黄的灯正从巷道的深处静静地亮过来。身旁一位村民说："孙瞎子过来了。"

苦行僧百思不得其解。一个双目失明的盲人，他没有白天和黑暗的一丝概念，他看不见高山流水，看不到柳绿桃红的世界万物，他甚至不知道灯光是什么样子，他挑一盏灯岂不令人迷惘和觉得可笑？那灯笼渐渐近了，昏黄的灯光渐渐从深巷游移到了僧人的草鞋上，百思不得其解的僧人问："敢问施主真的是一位盲者吗？"那挑灯笼的盲人告诉他："是的，从踏进这个世界，我就一直双眼混沌。"

僧人问："既然你什么也看不见，那你为何挑一盏灯笼呢？"盲者说："现在是黑夜吧？我听说在黑夜里没有灯光的映照，那么满世界的人都和我一样是盲人，所以我点燃了一盏灯笼。"僧人若有所悟说："原来您是为别人照明了？"但那盲人却说："不，我是为自己！"

为你自己？僧人又愣了。盲者缓缓问僧人说："你是否为夜色漆黑而被其他行人碰撞过？"僧人说："就在刚才，还被两个人不留心碰撞过。"盲人听了，就得意地说："但我就没有，虽说我是盲人，什么都看不见，但我挑了这盏灯，既为别人照亮了，也让别人看到了我自己，这样，他们就不会因为看不见而碰撞我了。"

苦行僧听了，顿有所悟。他仰天长叹说：我天涯海角奔波着找佛，没有想到佛就在我们身边。人性就像一盏灯，只要我点亮了自己的灯，即使我看不见别人，但别人却会看到我。

帮助别人不一定要在他必经的路边放上金子，有时候一点方便，一些提示，一句真心的话，也会成为别人跃过坎坷的机遇，也会成为别人成功的关键所在。一个人把自己想象成什么，他就会成为什么，相仿，一个给予别人方便的人。自己也会得到别人给予的方便，正所谓送人玫瑰手留余香。哲学家莫尔在《乌托邦》一书里说过，金银远远赶不上铁的用处大。为别人着想的人，即便自己给出的只是铁，与别人来说则会成为金，即便自己付出的一言一眼真心的祝福，也会收获意想不到的结果。

为他人着想，给别人留有余地可以给自己留下一个缓冲的机会，这也是一种为人处世的艺术。为他人着想，是一种修养，是一种博爱，更是一种智慧。为他人着想，就好比你中了一盆花，经过悉心照料，花儿开了，它回报你的不仅是五彩的斑斓和满目的生机，它带给你的，更是一片春天。

## 8、微笑是处世魔法，你用了别人也会用

每个人都会希望自己可以给别人留下好感，这种好感可以创造出一种轻松愉快的气氛，可以使彼此建立友好的关系。一个人在社会上就是要靠这些关系才能立足，而微笑正式打开愉快之门的金钥匙。

在脸部表情这一体态语言中，微笑是最能起到社交作用的一种表情语言。一些心理学家曾把脸部表情分为上半部分和小半部分分别加以研究，结果出人意外地发现，嘴在表达各种思想感情发面的作用比眼睛还要重要。另外发现眉毛也有 20 多种“表演节目”，而且男子使用眉毛甚至比女子更多。然而，不管面部表情如何复杂、微妙，在交往中最常用、最有用的面部表情就是微笑。正确运用微笑的方式，有助于强化有声语言的沟通功能，增强交往效果。

如果微笑能够真正地伴随着你生命的整个过程，这会使你超过很多自身的局限，获得很多人生真正的成功，使你的生命自始至终都生机勃勃、辉煌灿烂。我们不妨试着用你的微笑去欢迎每一个人，那么我们就会成为最受欢迎的人。微笑，它不需要花费什么，却能创造许多奇迹；它丰富了那些接受它的人，而又不使给予的人变得贫瘠；它

产生于一刹那间，却给人留下永久的记忆。它创造家庭快乐，建立人与人之间的好感；它是疲倦者的休息室，沮丧者的兴奋剂，悲哀者的阳光。所以，假如你要获得别人的欢迎，请给人以真诚的微笑。

有人曾经做了一个有趣的实验，以证明微笑的魅力：

他给两个人分别戴上一模一样的面具，上面没有任何表情，然后，他问观众最喜欢哪一个人，答案几乎一样：一个也不喜欢。因为那两个面具都没有表情，他们无从选择。

然后，他要求两个模特儿把面具拿开，现在舞台上有两张不同的脸，他要其中一个人把手盘在胸前，愁眉不展并且一句话也不说，另一个人则面带微笑。

他再问观众："现在，你们对哪一个人最有兴趣？"答案也是一致的，他们选择了那个面带微笑的人。

由此可以充分证明：微笑是最受人欢迎的。世界上不管哪一个人种、民族，每当人们心情愉快时，总会喜形于色。这时候，笑是内心喜悦显诸外在的一种方式，也是人与人之间表达善意的最直接的方法。多年不见的朋友相遇时，在互相趋近、热烈握手之前，老远就可以见到对方的笑靥，这就是最好的证明。

可以说，微笑是各个社交场合的通行证，是表达感情的最好方式。动人的微笑需要找到最合适的表情，经过训练的笑容，应该是可以控制、有表达力的微笑，这与我们本色的微笑不同，本色的微笑只有心中有笑意才会笑，没有笑意又没有经过训练你是笑不出来也不会笑的。可是在生活、工作中，在人与人的交往中，微笑也是一种工具，你可以用它拉近人与人之间的距离，表达你对他人的尊敬和礼貌，感谢他人的诚意和礼遇。

微微一笑，看似微妙，其实它是开启千扇门的万能钥匙。对素不相识的人微笑，表示你的随和；对冒犯你的人微笑，表示你的谅解。在生活中，微笑往往比语言更能传递感情。一个微笑所包含的意义就是："我很高兴看到你，你带给我快乐，我喜欢你。"

微笑这种既亲切而又温馨的表情，能够有效地缩短双方的距离，给对方留下美好的心理感受，从而形成融洽的交往氛围。它能产生一种魅力，它可以使强硬者变得温柔，使困难变得容易。所以微笑是人际交往中的润滑剂，是广交朋友、化解矛盾的有效手段。

我们可以说人的微笑时这个世界上最美丽的表情。试想，冷若冰霜的美貌怎能够比得上一个真诚、愉快的微笑呢？会微笑的人都拥有良好心境，心地平和，心情愉快；会微笑的人都会善待人生、乐观处世，他们的心底充满了阳光；会微笑的人拥有强大的自信，他们对自己的魅力和能力抱积极和肯定的态度；会微笑的人内心都流露出真诚与友善、坦荡与善良。用微笑做招牌，你就是这个世界上最有魅力的人。